U0076594

Will My Cat Eat My Eyeballs?
死後，
貓會吃掉我的
　　眼睛嗎？

Big Questions from Tiny Mortals about Death

渺小人類面對死亡的巨大提問

Caitlin Doughty

凱特琳・道堤 著　　林師祺 譯

獻給
古今中外每位終將入土為安的人

Contents

進入主題之前

喔，嗨，是我，凱特琳。就是網路上那個殯葬業者，也是美國國家公共廣播電台的死亡專家，也可能是生日送你家樂氏香果圈，還會附上裱框王子照片的奇怪阿姨。每個人對我都有不同的看法。

我年輕的時候，曾有過一次與死亡有關的可怕遭遇。但是，那次經歷沒有讓我卻步，反而想學習更多關於死亡的知識。多年以來，我研讀中世紀的歷史，在火葬場工作，學過如何保存遺體、防止屍體腐爛，環遊世界以研究各地喪葬風俗，還開了一家殯儀館。

在這之中，我學到唯一的一件事，是我們每個人都會死，沒有人逃得過一劫，所以最好的方法就是正視死亡。我保證，它沒有那麼糟。

這本書要說什麼？

很簡單，這本書裡蒐集所有我聽過關於死亡最特別、最有趣的問題，我會在此一一回答。朋友啊，其實這件事不是什麼深奧的航太科學！（好吧，有些的確很深奧，關於航太科學的，請見〈太空人的屍體在外太空會發生什麼狀況？〉那一篇吧。）

大家為什麼要問這麼多關於死亡的問題？

這個嘛，我要再說一次，因為我是殯葬業者，我也願意回答各種千奇百怪的問題。況且，我著迷於屍體的冷知識，但不是你想的那種怪癖（緊張乾笑）。

我曾在美國、加拿大、歐洲、澳洲、紐西蘭各地演講，主題就是各種死亡的奇事，講座中最得我心的環節就是提問時間。這個時候，我總能聽到人們對腐壞的屍體、頭部傷口、骨頭、遺體防腐、火葬場等等的好奇提問。

關於死亡的問題，每一個都是好問題！但是，最為坦率、最發人省思的問題一向來自小朋友（家長們，記好了）。當我請大家提問關於死亡的疑問時，本來以為小朋友會問一些天真無邪又純真可愛的問題。

哈！才怪呢。

那些孩子往往比大人更勇敢、更敏銳，對腸子啊、內臟什麼的，完全不迴避。他們的確想知道過世小鸚鵡是否有不朽的靈魂，但會更好奇的是，埋在楓樹下鞋盒裡的小鸚鵡要多久才會開始腐爛。

所以，本書中所有問題都出自奔放不羈、膚色不一、百分之百的「有機兒童」。

談死亡會不會有點病態啊？

事情是這樣的：想瞭解死亡很正常。只是隨著人們年紀漸長，大家覺得對死亡抱持著好奇心，是很非常「病態」或「詭異」的事。大人只是越來越害怕，批評別人對於死亡的興趣，就為了避免自己接觸到這個話題。

這樣是不對的，我們文化中的多數人完全不瞭解死亡，所以只會更害怕。其實，你只要知道防腐液體中的成分、驗屍官都做些什麼，或是地下墓穴的定義，你已經比多數在世的人更博學了。

當然，死亡的確令人不好受！面對心愛的人死亡，這對我們實在太沒道理了。有時，死亡來得可怕又急促，令人難過得無法自已。但是，死亡是鐵錚錚的事實，事實不會因為你不喜歡就不存在。

我們無法將死亡轉化成趣事，但是學習死亡的過程可以充滿樂趣。死亡是科學，也是歷史、藝術與文學，它在每個文化之間搭起橋梁，團結了全人類！

許多人，包括我在內，我們都相信只要擁抱死亡、瞭解死亡，就能控制因死亡而起的恐懼，提出越多問題越好。

既然如此，當我死後，我家的貓會吃掉我的眼睛嗎？這真是一個好問題，我們來進入正題吧。

01

當我死後，我家的貓
會吃掉我的眼睛嗎？

　　不會，你家的貓並不會吃掉你的眼睛，至少牠不會立即吞掉。

　　放心，貓咪花花在沙發後面盯著你看，不是為了算準時間，要等你嚥氣。「斯巴達兄弟們，今晚我們就在冥城裡大吃大喝吧！」[1]

　　你死後，花花會等上好幾個小時，甚至好幾天，牠希望你快點起來，在牠的碗裡放一些正常的貓食，牠就不會立刻吃起人肉。但是，貓咪總得填飽肚子，你又是餵牠的人，這就是貓奴和貓皇之間的協定，死亡也無法讓你擺脫這份義務。如果你在客廳突然心臟病發，而下週四和隔壁鄰居席拉約喝咖啡之前，都沒有人發現你死亡，那麼飢餓又失去耐性的花花就可能會遠離牠的空碗，過來看看你的屍體能為牠提供什麼食物。

貓咪若要下手，多半會挑暴露在外又軟嫩的部位，例如臉孔和脖子，其中又以嘴巴和鼻子最合牠意。眼球也不是不可能，但花花會挑選更柔軟、更容易下手的部位，像是眼皮、嘴唇，或是舌頭。

你又問：「心愛的喵喵怎麼可能對我做出這種事情？」但你別忘了，不論你多麼疼愛你的家貓，牠就是個不放過任何好機會的小壞蛋，牠有95.6%的基因和獅子一樣。美國的貓咪每年殺害37億隻鳥（光是美國喔），如果把其他可愛的小哺乳類動物也算進去，像是老鼠、兔子、田鼠等，數字可能高達兩百億隻生物。貓科霸主血洗可愛的林間小動物，這真是超可怕

---

1 電影《300壯士：斯巴達的逆襲》中的對白。

的大屠殺。你又說「可是抱抱先生很可愛耶」、「牠都陪我看電視欸」等，錯了，女士，「抱抱先生」只不過是掠食動物。

幸好（是說對你的屍體而言），某些黏黏滑滑、惡名昭彰的寵物，像是蛇、蜥蜴等，恐怕沒有能力（也沒有興趣）吃掉飼主，牠們並不會在你死後吃掉你，除非你養的是成年的科摩多巨蜥。

然而，好消息也僅止於此。你的愛犬一定會吃掉你，你可能會說「噢，不會吧！牠們可是人類最忠實的好朋友耶」。會的，狗兒小黑一定會毫不留情地攻擊你的屍體。某些案件中，鑑識專家起初會以為死者遭到虐殺，後來才知道是小黑在主人死後大快朵頤。

然而，你的愛犬可能並非因為餓肚子才啃食你，牠很可能是為了搖醒你。當牠的飼主出事，牠可能焦急又緊張，狗狗這時也許會咬掉飼主的嘴唇，這種行為就像你會咬指甲，或不斷刷新社群媒體，我們各有自己解決焦慮的方法。

曾有一件慘劇，女主角40多歲，飲酒過量，以往她喝茫昏過去，她的雪達犬會舔她的臉，咬她的腿，努力要叫醒她。當她過世之後，她的整個口鼻都消失了。那隻雪達犬不斷想辦法叫醒主人，力氣越來越大，卻怎麼都叫不醒她。

這世上有一個行業叫「鑑識獸醫」，你知道嗎？這行的「鑑識學」多半專注於研究大型犬的破壞模式，例如在德國咬掉飼主眼睛的牧羊犬，或是吃掉飼主腳趾的哈士奇。然而，談到破壞主人遺體的狗狗，體型並非絕對的關係。好比吉娃娃「小矮人」吧，新飼主在社群網站上貼了照片炫耀這隻狗狗，附加了一項說明：「牠的前飼主過世許久都沒被發現，為了求生，牠就吃了主人。」對我而言，「小矮人」是一個勇敢的倖存者。

一旦明白狗狗吃掉屍體是因為焦急或緊張，我們就會覺得好過一點了。我們和寵物建立如此深厚的情誼，當然希望牠們在我們身後會難過、哀愁，而不是飢腸轆轆。但我們怎麼會有這種期望？寵物吃死動物，就和我們人類一樣（好、好、好，你是素食者，你不算）。許多野生動物會啃食屍體，即使是我們認定最擅長狩獵的獅子、狼、熊，一看到死屍也會義無反顧地大快朵頤，尤其是牠們餓肚子的時候。食物就是食物，反正你也死了啊，不如就讓牠們吃個痛快，好好活下去，而且還能增加一點犬科殘暴的天性。「小矮人」萬萬歲！

02

太空人的屍體在外太空
會發生什麼狀況？

　　三個字簡單回答：「可多了。」因為地點發生在外太空，更何況還牽扯到屍體。

　　宇宙浩瀚無垠，太空人屍體的命運也是未知的領域。截至目前為止，沒有任何人在外太空自然老死。18個太空人過世全都因為如假包換的太空災難，有哥倫比亞號太空梭（因為太空梭結構出問題，導致爆炸解體，七人罹難）；挑戰者號（升空時就解體，導致七人喪命）；聯盟11號（返回大氣層時，壓力閥門裂開，導致三人喪生。技術性而言，也是史上唯一在外太空發生的事故）；聯盟1號（一人身故，原因是太空梭返回地球時，降落傘故障）。

這些都是重大災難，罹難者的屍體完整性不一。然而，太空人如果突然心臟病發，或是在太空漫步時發生意外，或前往火星的途中吃了冷凍乾燥冰淇淋噎死，我們也不知道會有何種狀況發生。「呃，休士頓，是要把他放進儲物間，還是……？」

要討論如何處置外太空的屍體之前，我們先來聊聊人們在無重力且無氣壓的地方過世，可能會發生的狀況吧。

以下是假設情境：有一位太空人，正在太空站外面進行日常維修以消磨時間，姑且稱她「麗莎博士」吧。（話說，太空人真的會無聊嗎？我猜他們做的每件事情都關乎高科技，也都有特定目的。究竟，他們會不會在太空漫步，確保太空站的擺設都整整齊齊的呢？）突然之間，有個小隕石劃過麗莎蓬鬆的白色太空裝，她的裝備因而出現頗大的裂口。

但是，這不同於你在科幻小說中所讀到的情節，麗莎的眼睛不會突然凸出來、整個人爆開，成為一團模糊的血肉，並沒有這麼戲劇化。但是，當麗莎一發現衣服裂開後，就得要立刻採取行動，否則便會在九到十一秒之內失去意識，這個數字明確到令人毛骨悚然，就簡化為十秒吧。她必須搶在十秒內回到加壓環境，但迅速減壓也可能讓她休克。這個可憐人也許還沒搞清楚狀況，就沒命了。

導致麗莎喪命的多數狀況是因為外太空缺乏氣壓，人類已經習慣在地球的氣壓下生活，氣壓就像一張撫慰人心的大毯子。這種壓力一旦消失了，麗莎體內的氣體就會膨脹，液體則會汽化。她肌肉中的水分會蒸發，這些氣體堆積在她的皮膚之下，導致身體腫脹成兩倍大，麗莎就會變成《巧克力冒險工廠》裡的「紫羅蘭‧鮑加」[2]，但這並非導致她喪命的主要危機。壓力降低導致血液中的氮氣形成氣泡，引發劇烈疼痛，症狀就會類似「潛水夫病」。麗莎博士若在九至十一秒之內昏厥，反而是好事，因為持續腫脹、飄浮的她已經沒有任何感覺了。

---

2 Violet Beauregarde，《巧克力冒險工廠》中愛嚼口香糖的女孩，因為參觀工廠嚼了未完成的口香糖而變大，最後雖然恢復正常體型，頭髮和膚色依然是藍紫色。

等時間過了一分半鐘，麗莎的心跳和血壓會驟降（而且驟降到會讓她的血液開始沸騰）。肺部之內和之外的壓力差距太大，導致肺部破裂且出血。如果博士來不及得到救援，就會窒息，這時外太空就多了一具屍體。但切記，這只是我們認為可能會發生的狀況，根據我們得到的極少資訊，多半來自低壓艙中對可憐人類及悲慘動物所做的相關研究。

當其他太空人將麗莎拉回太空船時，她早已一命嗚呼，希望麗莎博士安息。接下來要思考的，是該如何處置她的遺體？

像美國太空總署這樣的組織顯然會考量這種問題，儘管他們不會公諸於世。（**太空總署，你們何必隱藏外太空處置屍體的流程？**）我就幫大家問吧：麗莎的遺體究竟該不該送回地球？以下是根據不同決定可能會發生的狀況。

好，將麗莎的遺體送回地球

低溫會減緩腐化速度，如果麗莎要回地球（團隊人員也不希望屍水流進太空船），其他太空人就得想辦法用低溫保存遺體。國際太空站的太空人將垃圾和廚

悦知文化
Delight Press

有些事，
「不是任何人的錯」
僅此一次的人生，
請為自己活得更自由。

―――――《這不是你的錯》

請拿出手機掃描以下QRcode或輸入
以下網址，即可連結讀者問卷。
關於這本書的任何閱讀心得或建議，
歡迎與我們分享 :)

http://bit.ly/37ra8f5

餘存放在最冰冷的地方，可防止細菌孳生，太空人就能免受臭味侵擾。所以麗莎也許可以暫放在這裡，等太空梭送她返回地球。雖然把太空英雄麗莎博士和垃圾一起存放有損形象，但是太空站的空間有限，垃圾區剛好有冷卻系統，這恐怕是最可行的作法。

可以送麗莎遺體回地球，但是得等上一陣子

如果麗莎博士是在前往火星的長途旅程中心臟病過世呢？2005 年，美國太空總署和瑞典殯儀公司 Promessa 合作，共同設計可以處理、保存太空屍體的系統原型。該原型的名稱是「帶回遺體」。（「我帶著屍體回來啦，將遺體還給你們，可惜不是太完整。」[3]）（孩子們，這是大賈斯汀的歌詞，如果你們不知道他是誰也沒有關係。）

如果太空站有這套「帶回遺體」機器，方法就會如下。麗莎的遺體會放入 Gore-Tex 材質的真空袋子內，

---

3 作者改編大賈斯汀的歌曲《Sexy Back》，原來的歌詞是「I'm bringing sexy back. Them other boys don't know how to act.」作者改為「I'm bringing body back, returning corpses but they are not intact.」

然後送入太空梭的氣密艙,氣密艙的外太空溫度(攝氏零下270度)可以冷凍麗莎的屍體。一小時之後,機械臂將袋子取回放入太空梭,接著連續震動15分鐘,將冷凍的麗莎分解成好幾塊。這些屍塊經過脫水之後,麗莎就會成為僅剩23公斤的乾燥粉末。理論上而言,成為粉末的麗莎可以保存多年,等到太空梭返回地球之後,再由家屬領回,就像返還火化後放入甕子的骨灰,只是相當地重。

不,就將麗莎留在外太空吧

誰說麗莎的遺體一定要送回地球?有些人付了一萬兩千美元甚至更高額的費用,就為了將自己部分的骨灰或DNA發射到地球軌道,送往月球表面或外太空。如果外太空迷有機會將遺體留在外太空,他們該有多興奮啊?

畢竟為了尊敬水手和探險家,家屬就在船邊將親人沉入海中進行海葬。儘管船上冷凍、保存技術進步,依舊有人採取這種習俗。所以即使有技術可以建造機器手臂震碎冷凍遺體,或許我們也能用最原始的方法處理,就是將麗莎博士的遺體放入屍袋,送她到艙外的太陽能板陣列外,再放手讓她飄開?

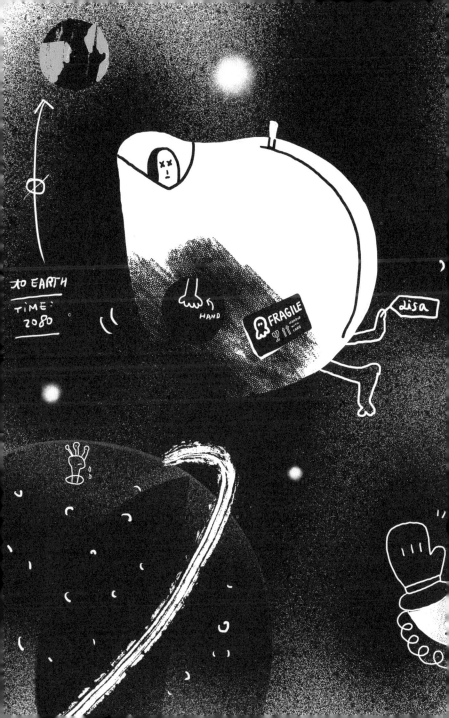

太空浩瀚無垠，麗莎博士可能會飄向黑暗的虛空（就像我在飛機上看過喬治‧克隆尼主演的那部電影），更可能隨著太空梭的軌道，成為太空垃圾之一。聯合國規定，禁止在外太空丟棄垃圾，但是應該沒有人把這條規定用在麗莎博士身上，畢竟大家不會稱可敬的麗莎是太空垃圾啊！

人類以往也面臨過這種挑戰，結果慘不忍睹。攀上八千多公尺的聖母峰頂端只有幾條路線，如果不幸在高山喪命（至今已經有將近300人），不論是將遺體運下山埋葬或火化，都相當危險。如今登山路線上散布著遺體，登山客每年都得跨過裹著橘色蓬鬆雪衣的骨骸。同樣的事情也可能發生在外太空，前往火星的太空梭每趟都得經過太空人的遺體：「天啊，又看到麗莎了。」

如果行星的引力拽住麗莎的遺體，那麼，她就能得到一場免費的火葬。因為大氣層的氣體摩擦力會導致她的身體組織過熱，繼而燃燒。此外還有另一種可能，只是機率極小，若是麗莎的屍體裝在自航的飛行器如小宇宙艙中，而這個飛行器離開太陽系，飛到某個外行星，在穿過那個行星的大氣層時也沒碎裂，最後撞上那個外行星，使宇宙艙裂開，那麼麗莎的微生物和細菌孢子可能會在新行星上衍生出生命。如此一來，還真的要恭喜麗莎了！也許地球生命的起源，是從「外星人麗莎」來的？地球第一種生物起源的「原生黏液」，說不定就是腐壞的麗莎吧？謝了，麗莎博士。

03

父母過世之後，
我能不能留下他們的頭骨？

　　沒錯，又來了，又是這種「我能不能留下親人頭骨」的問題，要是你知道我有多常聽到這種疑問，你一定很意外（也或許你早就料到了）。

　　慢著，我想先請問你的是，你拿這些頭骨要做什麼？是要放在壁爐上，還是作為聖誕樹頂端的大膽裝飾？無論如何，切記，頭骨可不是媚俗的萬聖節擺飾，它是人類遺骸。假設你是一片好意，但在你把老爸的頭骨放在茶几上、裝入糖果之前，你還得先解決三個問題：文書流程、法定程序，以及清理骨骸。

取得爸媽頭骨需要哪些文件？

首先來討論「文書流程」。要有展示親屬骨骸所需的相關部門許可，這方面的手續其實相當不容易。理論上，人們有權決定如何處置自己的遺體。所以，**理論上而言**，你的爸媽可以手寫、簽名、附上日期，清楚指明他們死後要將頭骨留給你，內容類似死後捐大體做科學研究的文件。

不妥的做法如下：直接走到你家附近的殯儀館說，「你們好！那具屍體是我媽，如果可以幫我摘下她的頭顱，除掉所有軟組織，那就太好了，謝囉！」無論就法律層面或執行面而言，一般的殯儀館（好吧，是所有殯儀館）並無法完成這項要求。我本人身為殯儀館總監，我都不知道該用哪些合宜的設備來取下頭顱，更不清楚該如何去除軟組織。我猜，大概要用滾水燙，或是肉食甲蟲，但是殯葬學系並沒有教授這種課程。

（我的編輯在此加註：「拜託，妳**明明**知道如何去除軟組織。」好吧，沒錯，我沒用人類試過，但我的確是業餘的肉食甲蟲迷。這種甲蟲非常厲害，博物館或鑑識實驗室會用來去除骨骸上的腐肉，又能不損及白骨。肉食甲蟲願意深入噁心的腐肉，骨骸上再細微的軟組織，肉食甲蟲都能徹底清除。但是各位不必擔心去博物館時會不慎落入肉食甲蟲群，因為牠們雖然以「食肉」聞名，但對活體沒有興趣。)

法律上禁止任何人侵害遺體，請跟我複誦一次

回到老媽的頭骨。即使我知道如何去除軟組織，我的殯儀館也不能交出一顆乾淨的骷髏頭，因為這牽涉到本書會不斷提到的主題，也就是侵害屍體的法律。相關法令在各地略有差異，有時甚至相當霸道無理。例如肯塔基州的法律就說，只要你對待遺體的方式「激怒尋常家庭的情感」，等於犯下侵害屍體罪。然而「尋常家庭」的定義是什麼？也許在你的「尋常家庭」，老爹是科學家，早早就承諾死後要把本生燈的收藏和他的頭骨留給你。世上沒有所謂的尋常家庭。

然而，法律之所以明文規定侵害屍體有罪，不是沒有道理的。這些法條保護人們的遺體不會遭到褻瀆（嗯，像是戀屍癖），也保護死者在生前未同意的情況下，遺體從太平間被搶去做研究或公開展示。如果你知道自古至今發生過多少次這類事情，一定會覺得

不可思議。醫學研究人員曾偷竊屍體，甚至掘開新墳，就為了偷遺體做解剖、研究。此外還有朱莉婭·帕斯特羅納之類的案例，這位19世紀的墨西哥女子患有多毛症，因此臉部、全身都覆滿體毛。她過世之後，惡劣的丈夫將她的遺體做了防腐處理，製成標本到世界各地展覽。他在她生前就把她當畸形怪胎展示，人們早不把她當成人，死後遺體還被當成財物。

因為法律禁止侵害屍體，任何人都不能**聲稱**別人的遺體是自己的財產。「誰找到就歸誰」的遊戲規則不適用於此，但同樣地，這些法律也禁止你將老媽的骷髏頭放在書架上。

「等一下，我就看過別人書架上放著人類頭骨！他們又是怎麼辦到的？」美國聯邦法並不禁止擁有、買賣人類骨骸。喔，原住民的骨骸除外，在這件事情上，你就無法如願（當然也是天經地義）。除此之外，每一州對販售、擁有人類骨骸各有不同的規定。至少有38州立法禁止販售遺體，但實際執行起來，卻因為相關法律的界定模糊、不清不楚，執法者也不見得會管。

2012年到2013年的七個月之間，eBay 就有454個骷髏頭待價而沽，平均起價是648.63美元（後來eBay禁止相關買賣）。許多私下販售的骷髏頭來源可疑，多半出自人骨販售猖獗的中國或印度。這些骨骸來自無法負擔火化或下葬費用的死者家屬，有悖道德倫理。這些膽識過人的賣家會說他們經手的不是「人類遺體」，而是「人骨」。多數州立法禁止販售「遺體」，但是骨頭不在此限，為了規避法律，才有這種說法。

（請注意，他們賣的就是遺體。）

說得明白點，你就是不能保存媽媽的遺體，但你如果願意上網進行可疑的買賣，印度人的頭骨也許就會出現在你家。

就算你大費周章，合法取得令尊的骷髏頭，還是會碰上接下來的難題。如果理由是為了私人擁有，目前美國政府不允許進行「骨架化」（skeletonization，屬於屍體在分解作用中的最後階段），一般只有捐贈給科學研究機構的遺體才可以。**即使是這個目的**，也還是遊走於法律邊緣（當局只是對博物館或大學放水）。總之，你不可能將老爸老媽的遺體製作成白骨，再拿他們的骷髏頭當感恩節裝飾品。

來聽聽專業人士怎麼說

　我問過專精人類遺體法律的法學教授朋友坦雅・馬許（Tanya Marsh），她是這方面的專家。如果有任何模糊地帶可以讓人鑽漏洞，因而取得老爹的頭骨，並且清光軟組織，問坦雅絕對沒錯。

我：「常有人問我這件事，一定有辦法吧。」

坦雅：「我會跟妳吵上一整天，美國任何一州都不准將死者腦袋製成骷髏頭。」

我：「如果是先拿去研究，之後再還給家屬──」

坦雅：「不可能。」

　每一州的殯儀館都有一張「埋葬暨運輸」許可，州政府能藉此知道每具遺體受到什麼樣的處置。一般的選擇通常是土葬、火化或捐贈大體做研究。就這樣，只有這三種。沒有所謂的「摘下頭顱、清除軟組織，保存骷髏頭，然後火化遺體其他部分」的選擇，也沒有任何類似的選項。

　坦雅讀某一州法令的細則給我聽。

……除了送往墓地之外，任何人將人類遺體放置在任何地方，或是做任何處置，都屬於犯法的不檢行為。

換句話說，老爹的骷髏頭得留在墓園，放在其他任何地方如你家院子，都算犯法。

為了給你一線希望的曙光，我可以告訴你，在我寫作這本書的當下，法律仍不停地在變動。如今擁有任何人（包括令堂）的遺體都算灰色地帶，也許以後法律對你有利，「令堂骷髏頭股份有限公司」就能專門合法清除別人家爸媽的頭骨了。

如果那是你的（以及令尊、令堂的！）目的，希望你能如願。假設其他條件都不成立，請火化他們，將骨灰壓縮成鑽石或黑膠唱片。小朋友，所謂的黑膠唱片是……算了，當我沒說。

04

我過世之後，身體會
自己坐起來或說話嗎？

　　人類同伴們，請靠過來一點。我不確定我是否該和你聊這件事，殯儀館同業公會可能會因此不太高興。某天晚上，我獨自待在殯儀館的辦公室。大體處理室的桌上躺著一位40多歲的男性死者，身上則蓋著一塊白布。我正要伸手關燈，遺體發出恐怖的長嚎，男子突然坐起身，彷彿從棺材中醒來的吸血鬼德古拉……

　　好吧，根本沒有這回事，是我瞎掰的（不過，加班那件事是千真萬確的，每家殯儀館都一樣）。然而，以上故事或類似傳說，是人人都愛的太平間或殯儀館鬼故事。來源通常是「我老公表親的侄兒」，1980年代有一位殯儀館上班的仁兄曾看過遺體坐起來，這類故事會流傳在網民的留言板上，大標可能是「殯葬業者不希望你知道的恐怖故事」。

人死後究竟還會不會有動靜？

屍體不會自己坐起來，各位鄉親父老，這又不是恐怖片。屍體不會尖叫、坐起來、抓你頭髮、拉你下地獄（但我剛在殯儀館上班時，的確有這些毫無來由的恐懼）。

然而，就算屍體沒有這種「引人注意」的大動作，也不表示不會有顫動、抽搐或發出嗚咽聲。你心想，拜託，屍體會動很可怕吧！我知道，但這些現象背後都有簡單的科學解釋。

過世後，人體的神經系統還在繼續運作，所以遺體還是會有些許拉扯、抽搐等動作，通常發生在死後幾分鐘，偶爾會遲至12小時。至於聲音，剛過世的死者遭到搬運時，氣管的空氣受到擠壓，便會發出古怪的嗚咽聲。大部分護士都有相關經驗，因此看到屍體有些許動靜或發出聲音，他們的反應往往很平靜，而非大叫：「老天爺，他還活著，沒有死啊啊啊啊啊！」

此外，屍體發出聲音，也可能不是尚未停止運作的神經系統所造成的。當你死後，肚子裡熱鬧非凡，會有幾十億個細菌先大快朵頤你的腸子，再轉移陣地到肝臟、心臟，及腦子。然而，有進就有出，這些大量的細菌會釋放甲烷、氨等氣體，導致你的腹部膨脹。膨脹就表示體內有壓力，一旦壓力累積到一定的體積，屍體就會藉由排出惡臭的屍水或氣體來進行淨化，同時發出令人毛骨悚然的咻咻聲。放心，這不是死者的鬼哭神號，只是⋯⋯細菌正在放屁。

千百年來，哀號的屍體就對人類而言有莫大吸引力。早在我們知道細菌會放屁、神經系統會繼續運作，早在我們更瞭解科學定義的死亡，人們就害怕被活埋。屍體的任何抽動都讓死者看起來死得不夠徹底。

18世紀末，德國有些醫生認為，屍體開始腐敗（腫脹、發臭等狀況一應俱全）才代表真正死亡。這種信念導致「殯房」（Leichenhaus，又稱為停屍間）問世，屍體必須先放在柴火加熱的房間（利用高溫加速腐敗），直到沒有人對死者辭世有任何異議。殯房裡要坐著一位年輕男助理，以防有人哀嚎、坐起來，或是要求上廁所等等。當時的人會在屍體上綁鈴鐺，只要屍體有任何動靜，鈴聲就會提醒助理。結果就是有個年輕男子被要求坐在屍臭瀰漫的寂靜空間裡。

慕尼黑有一家殯房向人收費，付費者可以進去看屍體。該殯房的警示系統就是在死者的手指、腳趾上綁線繩，不必大喊「小心，屍體還活著」等警語，繩子就綁在簧風琴上（只要有氣流通過就會發出聲音的樂器）。任何動靜都會觸動樂器，警告助理有屍體移動了。這種方法的確奏效，可惜屍體的「動靜」只不過是腐敗過程中的腫脹和迸裂。半夜時，無人殯房中會傳來各種不成調的聲響，讓助理聽聞而醒來。

到19世紀末，多數殯房都停業了。某位馮斯督鐸醫生指出，殯房收了一百萬具屍體，但從未有一具屍體曾醒來過。

所以我的答案是肯定的，屍體的確會動，但動作很微小，也有科學能解釋！那不是鬼魂，也不是惡魔，更不是殭屍。你只要慶幸一件事，就是不必當18世紀末的殯房助理。

05

我們把狗狗埋在後院，
如果現在把牠挖出來
會怎麼樣？

你可能會有各式各樣的理由，想把狗狗從楓樹底下挖出來。不同於人類，政府沒有相關法令禁止你查看寵物屍體的腐敗程度。（請注意：若未申請到許可，在墓園任意挖掘是非法行為，罪行就是褻瀆墓園罪。我不想聽到你說「是凱特琳要我去看看奶奶屍體的腐壞程度」這種理由。）

人們會挖出寵物遺骸，最常見的理由就是要搬家。他們不能丟下北京狗汪汪，也不希望不認識汪汪的新屋主開挖泳池，讓垃圾車一起載走汪汪的遺骸和廢土。不過，他們也許對入土八個月之後的汪汪現況感到不安，這時就可以請專門的公司到府上挖出汪汪，火化之後再將骨灰送回。那時候的汪汪會安置在骨頭形狀的骨灰罈裡，準備前往新家。

至於汪汪被挖出來時會是什麼模樣，由於牽涉到太多條件，很難回答這個假設性問題。在這方面，澳洲某位寵物挖掘專家提供以下實用的經驗之談：「如果寵物過世時是15歲，可能就會挖出白骨。如果只有一到三歲，屍體就比較完整，也比較臭。」然而，它依然受到許多因素影響。像是牠入土多久了？是放在尺寸合宜的棺材中下葬，還是直接埋到土裡？你住的地方，是熱帶雨林、沙漠，還是綠草如茵的市郊？我需要知道更多資訊！

汪汪埋得多深？如果埋在楓樹底下好幾公尺的深處，腐化的速度比較慢。埋得越深，離加速腐化過程的氧氣、微生物等就越遠。

汪汪被埋在哪種土壤中？這也許是影響汪汪現在屍體模樣的最大因素。土壤不只是「隨便啦……反正不都是土？」土壤的差別就像彩虹顏色一般，有極大的不同。

動物有可能變成木乃伊嗎？

　　例如埃及的土壤以高含沙量聞名，可以妥善保存骨骸，土壤溫度也很高。綜合了乾、熱這兩種因素，可能讓汪汪脫水，木乃伊化。在炎熱的沙土中，汪汪的皮膚很快就會徹底乾燥，連蟲子都無法咬穿。木乃伊動物的數量遠超出你的預期。2016年時，因為戰爭和以色列封鎖的緣故，加薩走廊某間動物園被迫遭到棄置，逐一死亡的動物在乾熱氣候之下變成木乃伊。園內照片盡是模樣駭人的獅子、老虎、鬣狗、猴子和鱷魚乾屍。

　　幾百年前，害怕巫術的歐洲人會在家中牆裡活埋貓咪，認為這些貓可以抵擋超自然的邪惡力量。多年來，有工人和承包商在歐洲民宅的牆壁裡挖出貓咪，英國有間商店還有顧客帶來三百年以上的貓咪、老鼠木乃伊，某位客人在威爾斯的小屋牆裡發現這兩種東西，希望到店裡兜售。總而言之，只要條件俱足，你也許會發現汪汪成了木乃伊。

　　在1980年代，喬治亞州發現一隻狗「卡卡」，獵犬卡卡可能在追捕松鼠時鑽進空心的樹幹中。卡卡越爬越高，樹幹越來越窄（接下來你應該猜得到），卡卡就卡住了。幾年後，伐木工人發現這具木乃伊，牠齜牙咧嘴，眼窩空空如也，腳趾都還完整無缺。工人可以清楚看到木乃伊毛皮底下的骨骼。正常而言，卡卡應該會在喬治亞州森林迅速腐化，但是沒有微生物啃食牠，樹皮和鞣素又吸乾牠皮膚的水分，卡卡就此留名青史。

卡卡的案例並不尋常。或許你希望你埋在後院的汪汪也能成為木乃伊，但你更有可能完全看不到汪汪。理想的花園土壤肥沃，混合了沉泥、沙子和黏土。這種土壤也適合動物腐化，如果汪汪是在天熱的夏季下葬，又埋得很淺，濕度、氧氣和微生物數量都恰到好處，汪汪的軟組織、器官，甚至骨骸都可能被徹底分解。

你選擇的埋葬地點和土壤深度，都會影響狗狗（或沙鼠、雪貂、烏龜等動物）死後的命運。如果你希望牠成為花園的養分，那就埋在肥沃土壤中，而且不要埋太深，牠才最有可能迅速徹底分解。如果你希望牠不要腐化得那麼快，就用塑膠包起來，放在密封的盒子內，埋進地底深處。或者你真想要汪汪留得更久，我建議你乾脆將牠做成標本。

06

我能不能將自己的屍體
封在琥珀內，
像史前昆蟲那樣？

這問題太棒了，這位小朋友真是兒童版的死亡先驅。大家都該尋找未來屍體的各種可能性，我們就一起來腦力激盪吧。

我覺得密封在琥珀中的屍體酷斃了。你可能看過光滑橘色固體中外貌完整的遠古昆蟲，那些蟲子來自上古時代，而且是通過樹脂這種時光機才送來現代，我們先聊聊蟲子怎麼會跑進琥珀裡吧。樹皮會分泌樹脂，一旦手沾到這種黏稠液體，即使洗七次都洗不乾淨。樹木用這些樹脂對抗各種害蟲、動物。好比九千九百萬年前吧，有隻遠古的螞蟻爬上樹，結果被樹脂黏住。樹木的陷阱奏效，螞蟻完蛋了。很快地，越來越多樹脂覆蓋在可憐的螞蟻身上，而且慢慢凝固。通常這些樹脂會漸漸被風、雨、陽光、細菌分解，裡面的螞蟻先生也會一起崩裂。然而，偶爾有樹脂不受風雨侵擾，千百萬年後成為化石，形成琥珀。以下是琥珀中發現的精采短名單：墨西哥農夫挖到兩千萬年前的雄天蠍、加拿大找到七千五百萬年的恐龍羽毛，多明尼加共和國發現一千七百萬年前的變色龍蜥蜴群，一億年前的絕種昆蟲，其三角形頭部可以轉180度，現代昆蟲都沒有這個能耐！另外還有一塊琥珀中有一億年前的蜘蛛，那蜘蛛正要攻擊黃蜂。

把你泡進樹脂裡保存，能複製出另一個你嗎？

許多遠古生物都在樹脂中被保留下來。問題來了，你為什麼不行？當你死後（不必在你生前進行這件事情，否則就太血腥，可以等你過世），理論上而言，我們可以將你泡在樹脂裡。或許我們可以讓你呈現肉搏黑豹的模樣，就像那個黃蜂大鬥蜘蛛的琥珀。然後再將你和黑豹（當然是裹在樹脂裡）放置在恆溫室，並且接受一連串不同溫度、壓力等的化學變化。如果

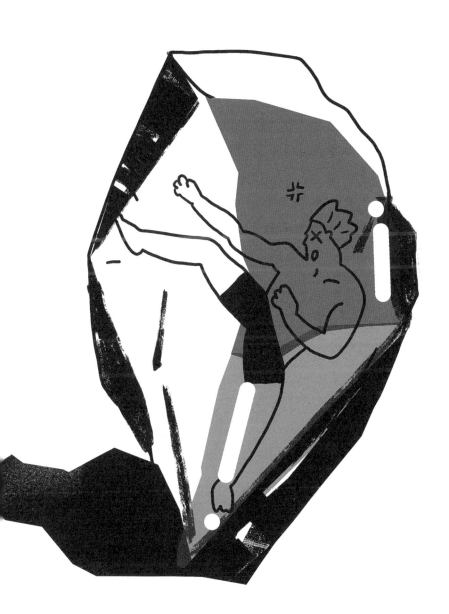

一切順利，讓我們跳一下，到幾百萬年後，樹脂就會成為琥珀。至少我們認為需要等上幾百萬年，目前還不確定樹脂變成琥珀需要多久。總之以後的科學家會發現你，然後說：「哇，看看琥珀裡這個凶狠的人類。」也許未來的科學家會把你當成桌上的紙鎮等等。

好，現在你成了琥珀中的人類標本。但是你要知道，根據目前的科技而言，以後的科學家無法用你的化石複製你。我之所以提到這一點，是因為我懷疑你問這個問題是看太多遍《侏儸紀公園》，而暗自認為：「生命總會找到出路。」你可能希望未來的科學家從琥珀中取出你的基因複製，製造出2.0版本的你。

在《侏儸紀公園》的概念被寫成小說、拍成賣座系列電影之前，這原本是1980年代科學家的奇想。他們看到琥珀中的蚊子，納悶：「如果這隻蚊子死前吸了暴龍的血呢？這隻蚊子飽餐一頓之後停在樹上稍事休息，結果被樹脂包覆，最後成了琥珀。如果我們提取遠古的恐龍血，也許可以取得基因碼，然後複製當年那隻暴龍。」我承認，這個點子很屌，就某些層面看來，琥珀很適合保存死後的器官。其一是因為琥珀非常乾，乾燥的環境（例如沙漠）有助於保存屍體。既然如此，科學家為何不能從這些保存得完美無缺的屍體中取得 DNA 呢？

如今科學家們都認同，不可能從琥珀中的動物提取有用的 DNA。因為 DNA 分解太快，氧氣濃度、溫度、濕度改變，都會導致基因密碼的謎樣成分崩壞，就像散得亂七八糟的拼圖。即使取出部分基因，中間的空隙也得用……其他人或動物的基因填補。例如哈佛大學的研究人員從絕種的長毛象取出基因，想「剪貼」這些 DNA 到普通大象細胞內。如果實驗成功，這隻動物不會是長毛象，充其量只是長毛象和大象的混合體。也許，你可以和你打鬥的黑豹湊成一對，成為黑豹和人類的未來綜合體！（這是我瞎掰的，不會有這種事情。別聽我鬼扯，我只是一個殯葬人員。）

要判斷你看重的是哪個因素。你希望幾百萬年之後的自己能看起來栩栩如生，成為了不起的裝飾品？那麼，以樹脂密封你的屍體就是好主意。如果你想保存 DNA，希望久遠未來的科學家能複製出你，恐怕就得另尋出路，比如說超低溫的冷凍保存。當你過世之後，我們可以用攝氏零下100多度的液態氮急速冷凍你的細胞。現今，已有科學家用超低溫冷凍保存的細胞，成功複製出老鼠和公牛。

或許你想的不是《侏儸紀公園》，而是《星際大戰》。記得韓・索羅遭到「碳化冷凍」，也就是被氣體凍成固態的情節嗎？那種技術的可信度其實很低，但可能比較接近你希望冷凍細胞的目標。目前沒有證據顯示，當你的屍體被冷凍之後，未來就能起死回生。但如果只是想保存細胞，日後複製呢？也許有可能。順道一提，市面上的賣座電影似乎常提到先進的屍體保存技術，這純屬巧合嗎？我不認為。大眾熱愛酷炫的屍體保存技術。（《冰雪奇緣》雖然沒提到，但我認為艾莎私下一定有一套超低溫冷凍訣竅。）

也許，未來無法做出你的複製人，但人類不像恐龍（或斑驢、長毛象或旅鴿），不太可能迅速絕種。我們在地球上有76億的同類，這個數字還在持續成長當中。往後50年的熱門話題，比較可能是我們人類是否有責任復育物種，特別是被我們逼到絕種或瀕臨絕種的動物。然而，一百萬年之後的熱門議題，也許是人類是否該被復育，完整保存下來的你可能就是那個幸運兒！

07

為什麼我們死後會變色？

　　屍體七彩繽紛、熱鬧非凡，這也是我喜歡死屍的原因之一。也許你死了——這裡的「你」指的是潔西卡、瑪麗亞或傑夫——但這不表示你的軀殼裡就風平浪靜。如今宿主過世，血液、細菌、體液都會有反應、改變，會適應新環境。那些改變就會帶來……**顏色的變化**。

　　死後第一個出現的顏色，與血液有關。人還活著時，血液會流經全身。現在就看看你的指甲，如果是粉紅色，表示你的心臟正在輸送血液。恭喜，你還活著！希望你不需要美甲。像我的指甲就一蹋糊塗，到處缺一角少一塊，所以……好吧，我繼續說。

　　過世第一個小時，死者看起來會比生前蒼白，尤其是嘴唇和指甲。這些部位不再是健康的粉紅色，而是漸漸失去血色和光澤，原本從表面底下通過的血液開始往下沉。當你想到恐怖的蒼白屍體，那純粹是因為表面組織失血。

　　這時眼球也會變色。屍體需要外力才能闔上眼睛。在我的殯儀館，我們鼓勵家屬盡快幫死者闔眼，因為死後不到半小時，虹膜和瞳孔就會霧化，呈現乳白色，角膜底下的體液也不再流動，而形成怪異的小沼澤。如果你因此聯想到殭屍，我建議你幫死者闔上眼睛，那麼，至親看起來比較像是睡著，你才不會「永遠忘不掉爸爸失去生命光澤的陰沉眼神」。

　　一旦血液不再流動，你會看到更劇烈的顏色變化。人還活著時，血液由不同的成分混合；一旦血液停止流動，比較重的紅血球細胞就會慢慢墜落，像糖水中沉澱到杯底的糖。

　　這就是死亡後第一個肉眼可辨識的證據，也就是屍斑。血液停留在屍體低處而成為屍斑，通常出現在背部（同樣地，這要感謝地心引力）。屍斑多半是紫色，而且這個名詞的拉丁文「livor mortis」就代表「死亡的藍色」。

切記，當我們討論到屍體的「變色」，就不能忘記人類生前原本的膚色。膚色越淺，變色就更劇烈、顯眼。不過也不必擔心，死後的變色（腐爛）會發生在我們每個人身上。

有意思的是，屍斑可以幫助鑑識人員判斷死者的死亡方式和地點，屍斑的範圍和顏色深淺都有其意義。舉例來說吧，如果屍斑全出現在身體前方，表示死者俯躺好幾個小時，血液才有充足時間積聚。

然而，屍體若有某個部位遭到壓迫（例如地板），那個部位就**不會**出現屍斑，因為壓力導致身體表面的微血管無法充血。警探也能藉由這一點辨別屍體是否呈現某個姿勢，或是否曾放在某些物體上。

慢著，還沒完呢。如果屍斑的顏色不一樣呢？如果是鮮豔的櫻桃紅，死者可能死於極低溫的環境，或是吸入一氧化碳（可能是火災的煙霧）。如果屍斑是深紫色或粉紅色，死者可能是窒息或死於心臟衰竭。最後，如果死者大量失血，身上可能不會有任何屍斑。

重口味預警：腐爛的屍體竟有這麼多不同顏色

接著歡迎來到腐壞的階段，也就是死亡著名的慘綠色登場之際。其實應該說是棕綠色，穿插一點藍綠。這個顏色可以被稱為「腐爛」，你絕對沒說錯。腐爛的棕綠加藍綠色彩是因為細菌所致，記得我說過，即使死後，肉身軀殼內還是熱鬧非凡？這場盛宴最重要的賓客就是細菌，腸道細菌樂壞之餘，正從體內開始消化你這頓大餐。

綠色首先出現在下腹部，因為直腸的細菌就像脫韁野馬，開始接管你的身體。這些細菌導致器官細胞液化，各種體液開始翻騰。因為細菌的「消化動作」（說白了就是細菌放屁啦），氣體開始堆積，因此胃部腫脹。細菌繁殖、擴散時，綠色範圍也會擴大，最後變成深綠色或黑色。

腐壞不只牽涉到細菌，另一種腐壞過程名叫「自溶」（autolysis，酶開始從體內分解身體細胞，就稱為自溶）。人死之後幾分鐘，這個過程就開始默默進行。

如今屍體上有許多複雜的作用，除了自溶之外，細菌也會幫助屍體腐壞。這時又出現不同的顏色，你會開始看到接近皮下血管分布的靜脈網，模樣就像大理石花紋。電影中的角色染上殭屍病毒，特效人員就會採用這種經典的「紫色靜脈」化妝。這種大理石花紋就是血管腐壞、血紅素從血液中分離的跡象。血紅素會在皮膚上顯露，產生深淺不一的紅色、深紫色、綠色和黑色。血紅素繼而分解成膽紅素（這會導致你變黃）和膽綠素（而這會導致你變綠）。

這些艷麗的顏色變化和其他明顯的腐壞現象同時發生，例如腫脹、「流屍水」[4]，和皮膚起泡或剝落。過程中的顏色變化之大，面目已經無法辨識，也看不出死者生前的年紀或膚色。

除了殭屍或恐怖片之外，為什麼我們不常看到極端腐壞的屍體？因為現在是21世紀，我們通常不會任憑屍體腐壞到這種程度。你幾乎從未看過屍體腐壞的實況，多數人似乎以為屍體會立刻腫脹、變色，其實不

---

4 purging，於室溫下經過24小時，血腥液體不斷由死屍的口鼻中流出。

然，這些過程需要好幾天的時間。殯儀館中的屍體不是做過防腐處理（延緩腐壞的化學過程），就是冷藏（低溫延緩腐壞過程）。我們會迅速埋葬、火化死者，家屬不會看到腐壞實況。這也難怪你搞不清楚腐壞的先後順序，大概這輩子都不會看到徹底腐壞的屍體，自然也不會看到美麗的色彩變化。你可能得在森林意外絆到死屍才能觀賞這種轉變，還是不知道為妙吧。

08

為什麼大人火化之後
可以放進小盒子？

殯儀館人員遞上相當於咖啡罐尺寸，刻著鴿子和玫瑰圖樣的銀色骨灰罈，說：「請接過你奶奶！」你一定覺得很古怪。呃，謝了，奶奶本尊大多了。工作人員再端上一模一樣的骨灰罈，說：「這是你的鄰居道格！」這感覺更莫名其妙了。等一下，道格193公分，體重154公斤，怎麼可能和奶奶裝在同樣尺寸的骨灰罈裡？火化根本是場騙局！

不，這不是騙局。多數人火化後的體積差不多，是有道理可循的。

你很緊張，因為等等要對一大群人演講，於是有人要你想像觀眾裸體。另一個方法也很有意思，就當他們是白骨吧。少了皮膚、脂肪、器官，所有人的白骨幾乎都一樣。當然，有人比較高，有人的骨頭比較粗，有人只有一隻手臂，然而，白骨就是白骨。無論骨灰罈裡裝的是你奶奶或鄰居道格，裡面都是磨成粉的白骨。

遺體火化後不會立刻變成骨灰

火化過程如下：火化爐打開後，屍體被送進去。其中，死者可能已經冷凍存放幾天到一週，屍體的變化還不大，甚至可能還穿著死亡時的那套衣服。然而，爐門一關閉後，一千五百多度的爐火開始焚燒，屍體立刻產生變化。

火化過程的前十分鐘，火焰攻擊軟組織，也就是所有軟綿綿的部位。肌肉、皮膚、器官和脂肪滋滋作響、縮小、蒸發。頭顱骨和肋骨漸漸出現，顱骨頂端爆開，火焰迅速吞噬焦黑的腦子。人體有六成都是水分，這些「一氧化二氫」和其他體液從火化爐的煙囪蒸發。人體的有機組織大概一個多小時就能分解、蒸發完畢。

火化後還剩下什麼呢？骨頭，滾燙的白骨。這些輾磨成粉的骨頭就是「火化骨骸」，俗稱「骨灰」（殯葬業者喜歡稱之為「火化骨骸」，因為聽起來比較隆重、正式，但是「骨灰」也沒問題）。

不過，這不是完整的人類骨骸。別忘了，骨頭的有機組織都在火化時燒光了，只剩下磷酸鈣、碳化物、礦物質和鹽分。這些物質乾淨無菌，你可以躺在裡面滾來滾去，絕對安全，就像你在雪地或沙坑玩耍。我不是推薦你這麼做，只是說你這麼做沒有危險。這些骨灰裡也沒有 DNA，基本上，光看外觀，無法辨識這是奶奶或鄰居道格，所以火化向來是掩飾罪行的最佳途徑（如今警探如果懷疑案情不單純，在查個水落石出之前不允許火化）。

骨頭冷卻之後，有人將這些碎裂的骨粉掃出火化爐。先挑掉大塊金屬，（奶奶是不是做過髖關節的置換手術？火化之後就知道了！）再把骨頭磨成粉。火化爐的操作員將淺灰色的粉末倒進骨灰罈，交還給家屬，或者可能撒到土裡、埋葬、製作成戒指、發射到外太空、做成油畫，甚至拿來當刺青墨水的材料。

呃，如果死者有200公斤呢？那些骨灰一定比較重吧。答案是不會，因為脂肪就占了體重大部分。別忘了，他體內的骨頭重量和其他人都差不多。脂肪則是有機質，火化時就燒光了。但過重的人火化時間比較久，有時要多兩個小時，脂肪才能燃燒殆盡。但火化結束之後，無論是200公斤或50公斤，骨灰重量都相差無幾。火焰之前，人人平等。

身高比體重更能影響鴿子玫瑰圖案骨灰罈裡的骨灰分量。一般女性比較矮，骨頭較少，骨灰大概只有將近兩公斤。男人多半比較高，骨灰大概2.7公斤。我是182公分的女性，火化後的骨灰可能比較重（**但我寧可被野獸吃掉，不過這又是另一回事**）。幾年前，我的舅舅過世，他有195公分，我沒捧過比他更重的骨灰。

無論外表如何，裡面的重量（也就是你的骨架）才重要。到頭來，奶奶和鄰居道格都能放進小骨灰罈，因為有機質如皮膚、軟組織、器官、脂肪都會蒸發到空中，只留下酥脆的骨頭。

如果奶奶和鄰居道格的骨灰一模一樣，裡面又沒有他們的DNA，兩個骨灰罈有任何差異嗎？你似乎覺得奶奶的骨灰裡沒有一點親切的奶奶氣質。大錯特錯！就算看不出來，兩者依舊不同。也許奶奶是吃綜合維他命的素食者，也許道格一生都住在工廠附近，這些因素則會影響骨灰裡的微量元素。

奶奶的骨灰也許和道格的看起來差不多，但奶奶依舊是奶奶。所以你一定願意把殯儀館的骨灰罈換成奶奶訂製的哈雷骨灰罈，因為那才符合她的風格。

09

死後，我還會大便嗎？

　　你死後可能會大便。很有意思吧？我喜歡每天日常的排便行程，所以想到死後還能繼續進行這個行為，不禁覺得很欣慰。至於負責清潔的護士和殯葬人員，請先收下我的道歉和致謝。

　　你還活著時，排便的機制如下：糞便在你體內繞來繞去之後，最後才會被推出體外，直腸是最後一站。糞便到了那裡，大腦就會接收到訊號，指出：「小妞，該去便便了。」肛門周遭有一圈外括約肌是糞便大牢的柵欄，可以預防糞便在我們沒準備好之前落出體外（吃了辣塔可餅那次除外）。

外括約肌是隨意肌，表示我們的腦子可以主動用意志力控制肛門不要張開。安全坐上馬桶之後，腦子也能告訴外括約肌可以放鬆了。我們很開心擁有這種控制力，所以多數人才不會像兔子一樣，邊走邊拉屎。

然而我們過世之後，腦子無法傳送訊息到肌肉。在屍僵階段，肌肉逐漸縮緊，但幾天過後就會放鬆。腐壞過程已經開始，到時全身肌肉都會放鬆，包括將糞便（以及尿液）封在體內的肌肉。如果你過世時，腔室內剛好有糞、尿，現在就會被排出去。

並不是所有人死後都會排便。許多年長者，或是久病多時的人，死前好幾天甚至好幾週都未進食。他們過世之後，身體就沒有太多糞便要排泄。

身為殯葬業者，我去接大體回殯儀館時（我們俗稱「初會」），常碰到糞便意外來襲。屍體被拉直翻面時——總之就是要把屍體安全放到擔架上——身體受到擠壓，可能就會排出糞便。

親愛的屍體，不必不好意思！殯葬業者很習慣善後，就像新手父母習慣換尿布，這就是我們的工作。

況且，鑑識人員接觸屍體糞便比我們更頻繁（因此，他們的平均年薪比殯葬人員多了四萬元美金）。如果有人死得莫名其妙，他們的胃內容物和糞便可以提供重要線索。驗屍人員可能得仔細翻查糞便，找尋解釋死因的異常證據。我寧可在整理大體時擦掉一點糞便，也不想像《侏儸紀公園》裡的蘿拉・鄧一樣，把手伸進一整坨的大便裡。[5]

防止屍體排出屎尿的小祕訣

殯葬人員只怕家屬來探望大體時，死者會排便、滲出屍水或排尿。誰希望最後對爺爺的「記憶畫面」是屎尿齊出？殯葬業者有各種方法預防這件事。

初級方法：尿布。我本人也偏好這招，因為沒有侵入性，你稍後就知道我的意思了。進階方法：A／V塞子（A／V可不代表任何文字的縮寫喔，呃，比較像是這兩個字母的形狀，請自己查資料吧）。這種塞子是透明的塑膠裝置，有點像是紅酒軟木塞結合水槽或浴缸下的水塞。高階方法：在肛門裡塞棉花，然後縫合。

但是，我個人認為這種方法過頭了，我們應該讓大體安然排便。我也很樂意分享更多我對糞便的看法，可惜沒人問。

---

5 蘿拉‧鄧飾演的角色為了檢查三角龍為何生病，在小山似的糞便中找證據。

10

連體雙胞胎一定會
同時過世嗎？

　　比丹登姊妹的問題是，沒有人確定是不是真有這兩個人。其實，她們的故事並非沒有文字記載，（據說）瑪莉和伊萊莎·查克赫斯特（Mary and Eliza Chulkhurst）1100年生於英國的比丹登，這對連體雙胞胎的臀部和肩膀相連。兩人脾氣火爆，記載指出這對姊妹不但經常吵架，還會以拳頭狠狠痛打對方。她們給人的感覺似乎很有趣，就像中古世紀的真人實境節目主角！當她們34歲時，瑪莉生病過世。家人懇求伊萊莎：「我們至少要想辦法分割妳們，否則妳也會死。」

伊萊莎拒絕與過世的姊妹瑪莉分開。「我們一起出生，也要一起離開人世。」六個小時後，伊萊莎也過世了。

英國當地的城鎮民眾為了紀念這對雙胞胎，把印有她們圖像的餅乾分送給低收入戶。即使有文獻記載，比丹登姊妹也可能只是一個故事或傳說。倘若瑪莉和伊萊莎真的在臀部與肩膀相連，她們就是史上唯一有兩處相連還能存活的連體嬰。

連體嬰是怎麼形成的？他們能生存下來嗎？

儘管世人對連體雙胞胎的祕密生活有濃厚的興趣（然而這並不太適切），這些人其實占極少數。我們會在醫學博物館或電視節目看到這些人，其實他們並不常見，每20萬次生產才會有一對。

這種雙胞胎非常稀少，科學家至今也都難以理解連體嬰的成因。最普遍的說法是連體雙胞胎原本是同卵，受精卵一分為二，形成同卵雙胞胎。如果受精卵沒有徹底分離，或是花了太長的時間才分開，雙胞胎可能就會形成連體。另一種觀點正好相反，認為連體雙胞胎是兩個受精卵相連。

我們雖然不確定雙胞胎為何形成連體，卻知道這種案例的癒後狀況……往往不樂觀。近六成的連體雙胞胎在出生前就胎死腹中，即使出生了，三成五都活不過一天。

如果你們是少見的案例，活著離開母親的子宮，長期存活率也要看連體的部位決定。好比說你們是胸膛或腹部相連（多數連體雙胞胎都是），共用腸道或肝臟，那麼，你們的存活率就大過頭部相連的案例（也比較有資格接受分割手術）。

連體嬰一定要接受手術嗎？

21世紀出生的連體雙胞胎往往會盡快接受分割手術，通常是在一歲以前。不過，即便有最優秀的外科醫生、最精良的醫院，其中一人生病、死亡，另一個通常也活不下來。

艾美和安琪拉·雷克柏格（Amy and Angela Lakeberg）是1993年出生的美國連體雙胞胎，兩人共用一顆畸形的心臟，肝臟相連。醫生知道兩個女孩無法以這種狀況存活，決定犧牲艾美，留下安琪拉。艾美在手術中過世，但安琪拉活下來（至少持續了一段時間）。十個月後，心臟血液逆流的安琪拉也走了。這對雙胞胎的手術和醫療費用則超過一百萬美元。

2000年，發生在馬爾他島的故事比較開心（雖然寶寶過世都是傷心的結局）。葛蕾希和蘿西·亞塔（Gracie and Rosie Attard）的脊椎、膀胱相連，也共用大部分的循環系統。即使連體雙胞胎各有內臟，例如有兩個心臟或兩個肺，這些器官也會協同運作。如果其中一個的器官比較弱，另一個的就會補強。蘿西的心臟較虛弱，葛蕾希的心臟就供應兩姊妹共用。但是心臟跳動太過激烈，會導致葛蕾希其他重要臟器衰竭。如果葛蕾希的臟器衰竭，姊妹倆都會沒命。

醫生希望分離雙胞胎，犧牲蘿西，他們認為葛蕾希比較強壯，可以獨自生存。但是亞塔夫妻是虔誠的天主教徒，他們無法簽署同意書「犧牲」女兒蘿西。因此，他們決定不分割雙胞胎，將命運交到「神的手中」。

但法官和上訴法庭反對父母的決定，宣布手術照樣進行。手術經過24小時之後，蘿西直接死在手術台上。切割主動脈時，兩個外科醫生都拿著手術刀，因此兩人都不必單獨背負蘿西死亡的責任。如今葛蕾希已經18歲，仍舊與當時執刀的醫生保持聯繫。

分割寶寶也許可以奏效。其中一個（越來越多案例是兩個）可以順利長大，過著正常的生活。但是隨著雙胞胎年紀越大，分離手術就越困難，不只就生理而言，心理層面也一樣。連體雙胞胎感情的濃厚程度，是一般雙胞胎無法理解的。長大成年的雙胞胎往往表示，他們寧可與雙胞手足共同生活。

瑪格麗特和瑪麗·吉勃（Margaret and Mary Gibb）出生於20世紀初，出生後就有醫生表明執刀的意願，兩人卻總是拒絕。隨著她們年歲漸大，進行手術的必要也更大，尤其當瑪格麗特得了末期膀胱癌後，癌細胞擴散到兩人的肺部，但兩人依舊拒絕分開。她們在1967年相繼過世，離世時間只相差幾分鐘，遺願就是一起葬在特別訂製的棺材裡。

世上最著名的成年連體雙胞胎，可能是昌和恩·邦克（Chang and Eng Bunker）。邦克兄弟來自暹羅（如今的泰國），所以連體雙胞胎才有「暹羅雙胞胎」（Siamese twins）的俗名。老年的昌身體不適，曾經中風，罹患支氣管炎，還有長期酗酒的問題。但是請注意，恩從不喝酒，他也宣稱從未有酒醉的感覺，昌喝那麼多酒，他完全不受影響。

雙胞胎62歲的某天早上，恩的兒子搖醒他們，發現昌已經過世。恩得知噩耗之後驚呼：「那我也要死了！」兩小時後便撒手人世。科學家認為昌是血栓致死，恩喪命則是因為他的血液送到昌那裡，沒辦法再流回他身上。

多數專家都認為昌和恩若生在20世紀，應該可以進行分離手術。如今某些醫院以這類手術聞名，但醫療技術再精良，也不能保證一定會成功。2003年，29歲的伊朗雙胞胎律師拉登和萊勒·畢詹尼（Laden and Laleh Bijani）是頭部相連，兩人在手術當中雙亡。醫療團隊擁有虛擬實境模型、電腦斷層掃描儀、磁振造影儀器等最新技術，這些精良儀器卻沒發現雙胞胎頭顱底下有條隱密的靜脈。他們手術時割斷靜脈，無法止血，雙胞胎就此過世。

「連體雙胞胎是不是一定同時過世？」的答案頗令人沮喪，基本上「可以這麼說」。抱歉，我不想粉飾太平。醫生正在研發新的成像技術，幫助我們更瞭解連體雙胞胎的體內構造。然而，這些雙胞胎連結的方式（無論生理、心理）就連最新穎、最昂貴的技術都難以理解。

連體雙胞胎是有血有肉的人，有各自的人生和個性。好吧，比丹登姊妹可能除外，然而究竟有沒有這對姊妹都還不得而知呢。

11

如果我過世時正在扮鬼臉，
死後是否就是那副德性？

我們都熟悉這個畫面：小朋友鬥雞眼、伸舌頭、鼻子往上推成豬鼻子，在屋裡亂竄。可憐的母親在後面大叫：「你再繼續做鬼臉，這張臉就會永遠跟著你！」威脅得好，但媽媽，這不是事實。儘管表情再古怪、再滑稽，五官最後都會回到正常位置（還有喔，媽媽，醫學證據顯示，臉部的擠壓、搓捏，對血液循環有益）。如果你做鬼臉時剛好過世呢？好比說你故意裝一張死臉給媽媽看，正好心臟病發。從此就得帶著那個表情下葬嗎？

答案是**也許不會**。有興趣嗎？讓我們繼續看下去。

人死後，身體所有肌肉都會放鬆，放到非常鬆（你可能突然想起來，這時就是死者可能排便的時刻）。過世後最初二到三小時的期間，稱為「初始鬆弛」（primary relaxation）。「放鬆吧，寶貝，別擔心，你已經死了。」即使你過世時剛好正在做鬼臉，臉部和其他肌肉一樣，在初始鬆弛期都會放鬆下來。你的下巴和眼皮會鬆開，關節會變得鬆軟（floppy，這裡的「鬆軟」是一個醫學名詞）。所以向鬼臉說再見吧。

如果你和家人在家裡或療養院照顧死者，我的殯儀館會建議家屬，盡快在初始鬆弛期幫忙闔上死者的眼、嘴。這樣才能盡早讓死者端上安詳的表情，否則接下來就會進入麻煩的屍僵。

「屍僵」可不只是我以前寵物蟒蛇的名字，屍僵來自拉丁文「Rigor mortis」，意思是死後三小時開始的肌肉僵硬（在酷熱或熱帶環境更快）。我研究屍僵多年，都不確定自己完全掌握其中的科學奧妙。身體肌肉需要「三磷酸腺苷」（ATP, adenosine triphosphate）才能放鬆，但 ATP 需要氧氣。無法呼吸就沒有氧氣，ATP 便無法合成，肌肉也就動彈不得，無法鬆弛。這種化學改變總稱為「屍僵」，會先從眼皮、下巴開始，漸漸延伸到身體每塊肌肉，甚至器官。屍僵導致肌肉僵硬，一旦進入這個階段，屍體就會維持原來的姿勢不變。殯葬人員必須不斷按摩、放鬆關節和肌肉，才能改變屍體姿勢，這個過程就是「緩和僵直」。這個過程會很吵，可能還有劈啪的響聲。其實，我們折彎的不是骨頭，因為所有聲音都來自肌肉。

屍僵和屍斑一樣，都是重要的鑑識證據。印度有名25歲女子死亡，被人發現時是仰躺。起初警探可能以為她生前正在做瑜珈或伸展動作，因為她雙腳、單手舉在半空中，有違地心引力法則。驗屍時，死者依然呈現同樣姿勢。後來鑑識團隊推測，凶手可能先殺人，後來決定將屍體搬到其他地方。凶手為了搬運方便，將死者調整成這個奇怪的姿勢（當時她還在初始鬆弛階段）。死者被放在車後座、行李廂或袋子裡時，屍體開始僵硬。我先前說明過，一旦進入屍僵階段，姿勢就固定了，所以當凶手丟棄屍體時，死者就會呈現這個奇怪的姿勢。

也許，我們可以利用屍僵的原理幫你捏出死後的鬼臉？如果你要求親友在你初始鬆弛階段做這件事，也許這個表情可以維持到屍僵結束。但是今堂肯定不覺得幽默好笑，可憐的媽媽，你連死了都要和她作對！

問題是屍僵也會緩解。每具屍體的狀況不同，外在環境扮演重要因素，但是72小時後，你的肌肉將再度鬆軟，你的鴨嘴也會消失。

不過你記得嗎？我的答案是「也許不會」，以下就是罕見卻相當有意思的例外。

什麼？人死後還會抽搐？

鑑識科學有個充滿爭議的現象稱為「屍體痙攣」（cadaveric spasm），又名「立即僵直」（instantaneous rigor）。顧名思義，某人過世後，直接跳過肌肉鬆弛階段，立刻出現屍僵。死亡之後要維持鬼臉，這是否就是我們能鑽的漏洞呢？

先不要這麼快下定論。屍體痙攣通常只會影響特定一組肌肉，一般是胳膊或雙手。所以你的手臂在死後可能會呈現古怪的姿勢，以下提供幾個還不錯的選擇，包括殭屍、「YMCA」或「學埃及人走路」[6]。但我不知道荒謬的「死後手勢」，古怪程度是否比得上「死後鬼臉」，如睜大眼睛伸舌頭，或拱豬鼻鬥雞眼。

此外，屍體痙攣的原因通常是死時高度緊張。例如癲癇突發、溺水、窒息、電擊、頭部中彈，或是短暫激烈打鬥之後喪命。聽起來都不妙，老實說，我不希望你死得這麼慘啊，小朋友。

我看不出還有其他方法可以讓你裝鬼臉入土為安，我盡力了，可惜沒有一種符合科學邏輯，而且你也不該再折磨可憐的媽媽了。

6　《Walk Like an Egyptian》，1986 年美國女子手鐲合唱團（The Bangles）的冠軍歌曲。

12

我們能幫奶奶
辦維京式的葬禮嗎？

奶奶想要維京式葬禮？果真如此，你奶奶似乎很時髦，真希望我也認識她。

不過，奶奶過世了之外，我可能還要告訴你一個壞消息：「維京式葬禮」不是真的，至少像好萊塢電影中的那種版本並不存在。你以為戰士奶奶可以裹著壽衣，肅穆地躺在木船上，阿姨們將莊嚴的小船推入海洋中，令堂拉弓，著火的箭矢劃過天空，射中奶奶，火光大亮。奶奶死後熊熊燃燒，就像她生前一樣照亮他人。

可惜啊，這些都是假的、假的、假的，假到不能再假。

你說怎麼可能是假的？之所以被稱為「維京式葬禮」，是因為這是維京人的風俗嘛，廢話。然而事實並非如此，維京人是大家最愛的中世紀斯堪地那維亞海盜兼貿易商，他們有各式各樣的葬禮，但是不包括「火燒船」。他們的習俗如下，維京人會進行「火葬」，但是在陸地，有時火葬堆就放置在排成船型的石頭陣當中（也許這就是電影的靈感）。如果死者地位崇高，整艘船都會被拖到陸地充當棺材，也就是所謂的「船葬」，但他們可沒用弓箭射出火球燒船。

不過，我先警告你，只要提到火燒亡靈船的史實不正確，就會出現某個推崇艾哈邁德‧伊本‧法德蘭（Ahmad ibn Fadlan）的傢伙，他在網路上宣稱好萊塢的火燒船葬禮確有其事，並花了很多時間維護這個主張，而且就以法德蘭的著作當證據。這位艾哈邁德‧伊本‧法德蘭是十世紀的阿拉伯旅行家，以著述記載羅斯人（Rus）聞名，而羅斯人是德國北部的維京生意人。然而，法德蘭的史料大有問題，原因就出在他的觀察帶有偏見。例如，他認為維京人有「十全十美的體格」，同時又公開抨擊他們的衛生習慣。他的編年手稿記載了羅斯人為某個船長精心策辦的火葬儀式。

根據法德蘭的記載，羅斯人會先把死掉的船長放在臨時墓穴十天。因為船長德高望重，族人會把整艘維京長船[7]拖上岸，運到木造平台上。負責主持葬禮的「死亡天使」（慢著，法德蘭，我想多聽聽這位「死亡天使」的事蹟）是一位年長婦女，她先為船長在船上鋪好床，族人們再將穿好壽衣的船長從臨時墓穴抬至船上，在他身邊擺放他生前所有的武器。最後，家屬用火把點火，燒掉整艘長船和木台。重點是，這整件事情都發生在陸地上。

誰曉得謠言是怎麼傳開的。維京人的確有繁雜的火葬習俗，葬禮也有船隻，但是他們並未在海上燒船！

那火燒船葬禮有辦法實現嗎？

我知道你想要說什麼。「好好好，我的葬禮計畫可能有一點不符合史實，反正我也沒那麼迷古斯堪地那維亞的歷史，反正我就是要在海面上火燒船就對了！」等一下喔，這位火焰兵，世上之所以沒有火燒船的殯葬習俗，就是因為這個方法並不管用。

我親眼見過戶外火葬，點火之後的前15分鐘簡直令人目瞪口呆。煙霧圍繞大體，屍體不斷噴出高溫火焰。難怪好萊塢的人會說：「這種火燒場面太棒了，但是你聽聽看這個提案，如果我們在船上燒呢？」問題來了，壯觀的火焰燃燒15分鐘之後，還要好幾個小時和不斷添柴，才能完全火化大體。一般的獨木舟大概只有5公尺，木材的確可以充當火堆，但是權威人士（執行火葬的人）告訴我，徹底火化需要1.13立方公尺的木頭，火堆溫度必須高達攝氏1200度，並維持兩到三小時，期間必須有人在旁不斷添加柴火。5公尺長的維京船上即使堆了很高的木材，也不足以燃燒這麼長的時間。火焰只會將船燒出一個洞，甚至可能都還來不及燒掉屍體，顯然這個計畫的效率極低。那如果整艘船太快就燒毀呢？近海就會出現一具半焦的屍體。如果某一家人到海邊去野餐，奶奶的大體剛好被沖到岸上……原本打算遵循古禮的好意也許就毀於一旦了。

---

7 Longship，維京人用來貿易、作戰、探險的船隻，特徵是單帆、多槳，及尖底，直至今日仍保留於該地造船傳統中。

我知道，這是壞消息，也實在不想當這個狗嘴吐不出象牙的殯葬人員，所以我要提供以下建議：

第一，可選在火葬場的煉屍爐（retort）焚燒奶奶的大體。你可以親自按下開關，一邊看著奶奶被送進爐中，一邊唱著斯堪地那維亞的古老戰歌，這樣就能親眼見證火葬。然後，你可以將她的骨灰放在小小的維京船上，點火之後推到海裡。等船隻燃燒殆盡，骨灰也會隨之沉到水裡。（請注意，我可沒鼓吹在公共水域放火，我只是說這方法可能蠻酷的，但這也只是假想狀況。）

第二，確定在火葬前，祖母的手指甲、腳趾甲都修整過。根據古斯堪地那維亞傳說，黑暗的拉格納洛克（Ragnarök）會降臨，引發大戰，眾神因此殞落，導致世界毀滅。在這場戰爭中，懷恨的敵軍，就會乘著巨大的指甲船「納吉爾法」來襲。沒錯，這艘戰艦完全由死者的手指甲和腳趾甲製成。如果你不希望奶奶成為世界毀滅的幫凶，請拿出指甲刀。即使這些步驟你都照辦了，這依舊不會是一場「維京葬禮」。不過，至少你火燒船，也大費周章地幫奶奶美甲了。

13

為什麼動物不會挖開
所有墳墓？

　　就這個問題，要看你問的是哪一種墳墓。如果你埋的是家裡的寵物，像是貓啊、狗啊，或是小魚（如果你不是選擇沖進馬桶讓牠流入大海），其他的野生動物，像是土狼，可能就會把你的寵物屍體挖出來。土狼也不是故意要褻瀆墳墓的，牠只是想找一頓免費大餐。你們家只挖了30公分，就把朵朵埋進去，就不能怪土狼不好（貼心小提醒，你挖得不夠深啦）。

　　動物在土壤底下開始腐壞時會產生某種刺鼻的化合物，就是屍胺和腐胺。這些化合物的名字來自「腐屍」

和「腐壞」，是不是很可愛呢？對食腐動物而言，那些腐壞的化合物就是大餐的味道。如果牠們覺得輕鬆不費力便可以享用美食，就有可能對著墳墓開挖。

解決方法很簡單：要幫朵朵找到安息處，就往下埋得深一點（等等就說明要挖多深）。

至於人類墓園呢？幾乎每個城鎮都有墓園，卻很少看到食腐動物在附近徘徊，挖出剛入土的屍體當晚餐。

然而，這不表示完全不可能。在俄羅斯和西伯利亞的偏僻地帶，守衛在入夜之後必須荷槍實彈，因為棕熊會闖進墓園挖屍體。有個故事更令人印象深刻，兩名村婦以為看到男子披著皮草，蹲在墓前哀悼親人。大錯特錯，是熊正在享用剛挖出來的骨骸。抱歉了，女士們。

近年還有另一則類似報導，地點在佛羅里達州的布雷登頓。住戶發現當地墓園有六個墳墓附近有狗或土狼的腳印，有幾個洞剛被挖開，發出惡臭，屍袋還從土裡露出來。

之所以提到這兩個恐怖故事，是為了指出重要的一點，在在證明，事事都有例外。一般而言，動物不會挖掘人類墳墓，理由如下。首先，大體上覆蓋足夠的土壤就能掩飾氣味。其次，土壤不僅可以掩飾劇臭，也有助於加速屍體腐壞，留下無臭的白骨。土壤就是這麼神奇。

真正的問題在於挖多深才夠深？我們應該把所有遺體放在人類所能製作最沉重的棺木裡，往下挖個1.8公尺，並且在棺木旁砌個水泥坑，這不就最安全？錯。因為土壤最神奇之處就在表層附近，那裡有最多的真菌、昆蟲、細菌可以快速將遺體分解成白骨。如果埋得太深，底下的土壤較貧瘠。表土有較多氧氣，所以你的屍體可以長成一棵大樹……或至少也能成為灌木。如果想要「與大地合而為一」，就要埋得盡量接近表層。

折衷的方案是什麼呢？有人主張屍體至少需要埋在將近兩公尺深，也有人認為30公分厚的土壤就能掩飾屍臭，我個人認為大概一公尺就行了。俗話說：「一公尺就好，夠深沒煩惱！」（好吧，其實沒有這句諺語。）這樣深度至少有60公分足以遮掩氣味，又夠靠近表土，可以加速腐化。美國各地的土葬墓園都以一公尺深為標準，也沒有任何野獸挖開墳墓的新聞。

換句話說，
至少你不用怕死後會被野生動物吃掉

老實說，即使埋在兩公尺深的土裡，動物還是會聞到。墓園附近偶爾還是會出現動物蹤跡（如土狼），彷彿在告訴我們：「哎呀呀，看看這裡有些什麼？」但牠們不會挖開墳墓，因為太費工了。你想想，我為什麼去得來速買墨西哥快餐，而不自己下廚用小農市集的有機食材做甘藍燉菜當晚餐？如果食腐動物可以從其他地方找到食物，就不需要大費周章挖開土壤，找地底70公分深的超大人類屁股。食腐動物還有其他事情要操心，例如捍衛領土、保護自己。牠們才沒時間也沒力氣挖個大洞，就為了吃你的小腿骨。況且，土狼和熊等動物的生理條件都不適合挖到那麼深的地底。

這樣說起來，西伯利亞那些熊又何必去墓園徘徊？我懷疑那些墓挖得不夠深。因為北方的土壤常常結冰。如果熊（別忘了，熊掌不適合挖掘）挖出爺爺的屍體比獵食容易，表示墳墓挖得不夠深。第二，這些熊餓壞了。平常棕熊以蘑菇和莓果（偶爾還有青蛙）

為主食，這些食物顯然供不應求。近幾年棕熊開始偷家屬放在墓園祭拜的食物，從餅乾到蠟燭，能找到什麼就吃什麼。因為容易取得的食物都被吃光了，棕熊才會挖開墳墓吃屍體。

至於佛州的墓園又是怎麼回事？這座古老的墓園早已經是荒煙漫草，怎麼會有新墓穴、恐怖屍臭和屍袋？其實是當地殯儀館去那裡埋葬遊民，因為「廢棄」墓園不受政府監督，據說有些殯儀館就草草行事。後來為了解決這問題，殯儀館便在墓穴上放置水泥板，幸好佛州布雷登頓沒有野熊！[8]

最後，我要說一個野獾挖出中世紀遺骸的故事。中世紀的人通常葬在教堂外（有時甚至埋在教堂裡），而且數目眾多。1970年代時，英國政府本應該搬移某座13世紀教堂週邊的遺骸，結果沒能完全遷走。後來之所以走漏風聲，是因為獾開始在這些骨骸之間挖掘地下洞穴，導致地面上開始出現骨盆和股骨。應該制止這些獾！抱歉喔，沒辦法。英格蘭法律禁止撲殺這

---

8 作者註：當地還是有熊，只是「非常罕見」。

些動物，也不能搬動牠們的巢穴。多虧「護獾條例」（沒錯，真的有這個法條），即使只是企圖要傷害獾，都有可能被判半年的有期徒刑和鉅額罰鍰。教堂的工人只能撿起骨骸、祈禱，再埋回地底。這個故事的教訓告訴我們，即使在地底安息一千年了，誰也不知道那些目無法紀的獾哪天會把我們挖出來。

14

如果過世前剛吃下
一大袋爆米花，
死後遭到火化呢？

　　我懷疑，你之所以問這個問題是因為過去幾年廣為流傳的迷因。那張圖片上有一袋電影院的爆米花，文字寫著「我死前要吞一大袋的爆米花，火化時一定很熱鬧」。

　　我懂。你希望與眾不同，鶴立雞群，即使死了也不想跟別人一樣。提姆，你的惡作劇真是異想天開！過世前吞一大袋還沒爆的爆米花，還「真有提姆的風格」。你想像自己被送進火化爐時，爆米花會從你的屍體裡爆出來，像鞭炮一樣劈啪作響。火化爐的工作人員會嚇得跳開來，不得不承認：「提姆真有你的！你真的嚇到我了。」

聽我說，不可能。理由很多，第一，你臨死前身體虛弱，器官衰竭，幾週都無法吃固體食物，突然有力氣叫人送一袋爆米花到養老院，還吃得下一整碗像小彈珠的東西？「抱歉，親愛的，雖然我想在嚥下最後一口氣前對妳說『我愛妳』，但我得先吃下這袋爆米花。」應該不可能。

即使你真的吞下一整袋爆米花，你真知道火化爐如何運作嗎？這個迷因之所以廣為流傳，是因為多數人都不知道火化場的模樣、會發出什麼聲音，也不清楚火化的過程。這個爆米花惡作劇要成功，你得相信提姆的身體會在火化中途爆開，讓所有爆米花跳出來。此外，你以為只靠一袋爆米花就能不停地炸出食物，就像電影裡的搗蛋鬼把肥皂丟進高中噴水池，搞得泡泡流進操場（依我估計，你至少得吞下一加侖半的生爆米花，才能製造出這種效果）。這個笑話還包括爆米花聲響會嚇到火化爐操作員，以為有人攻擊機器。

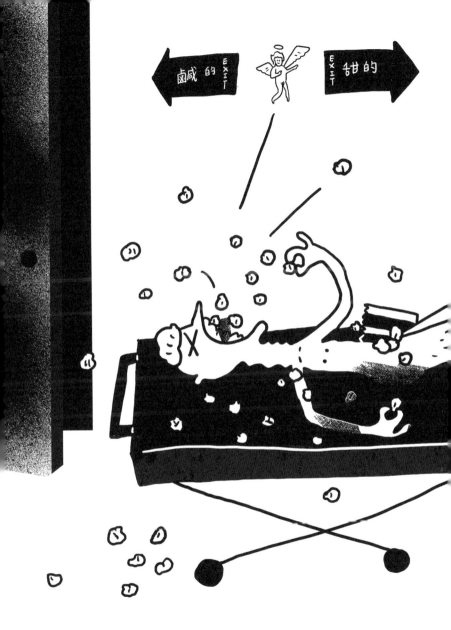

這種事情絕對不可能發生，理由有兩個（其實還有無數個理由，但我們就先專注於這兩個）。

一：火化的機器有14噸重，有巨大的爐心和燃燒室，放在磚床上的大體就被關在這個厚重的金屬門內。火化爐的聲音非常大，超級吵。就算裡面放了47袋爆米花，在爐外也聽不到半點聲響。

二：更重要的是，即使你能聽到爆米花的聲音也不重要，因為爆米花不會炸開！大家對微波爆米花的怨言是什麼？沉在底下的很多都無法爆開。要爆出一碗美味的爆米花必須有先決條件，爆米花粒必須夠乾燥，如果待在你的胃裡，絕對不可能，因為那是壓縮過的潮濕環境。

學者（用熱力學分析的工程師……我說真的）發現，微波爆米花的最理想溫度是攝氏180度。如果你用爐子加熱油去爆，油溫必須超過204度。如果溫度太高，爆米花會在還沒爆開之前就焦掉。火化爐的平均溫度是攝氏926.6度，是爆米花所需溫度的三倍有餘。況且火柱的方向會從頂端往下對準胸部和腹部，讓這些爆米花粒直接燒焦、蒸發，就像大體上的軟組織一樣。

提姆，毀了你這個惡作劇的幻想，我一點都不歉疚，因為你為什麼想捉弄火化場的工作人員呢？我20多歲時在火化場工作過，告訴你，這份工作很辛苦。必須搞得髒兮兮，忍耐高溫，還得整天面對遺體和哭泣的家屬。提姆，火化場的人不需要你來搗亂。

如果你堅持要製造火化場工作人員會聽到的爆炸聲，又堅持要驚嚇他們，請不要吞爆米花，還不如吞個心律調節器。（請注意，我百分之一千不推薦你這麼做，剛剛只是開玩笑。提姆，你看，我也會說笑喔。）

心律調節器有助活人控制心跳，以便在需要時幫助心臟加速或減速。那東西很可愛，尺寸就相當於一塊小餅乾，基本上就是把電池、發電器和電線放進體內（透過手術）。如果你的心臟不能正常運行，調節器可以救你一命。如果火化前沒先取出遺體內的心律調節器，這個玩意兒則可能會變成小型炸彈。

將大體送進火化爐之前，我不只要先看文書資料，確定死者是否裝了心律調節器，也會戳戳心臟附近的部位。如果死者體內有調節器，必須先挖出來。放心，對方已經往生了，不會在乎這件事的。心律調節器並不罕見，每年約有70萬人安裝，有些裝入體內卻沒記載，我也不意外。

　　如果沒事先防範，高溫會導致可燃的化學反應，使調節器因此而爆炸。電池裡的電源本來該讓心律調節器運作好幾年，對嗎？砰，全在一秒內釋放。爆炸會嚇壞火化爐操作人員，尤其他如果正在探查火化情形。爆炸可能會損毀爐門或裡面的磚床。

　　提姆，我希望你今生都不需要用到心律調節器，也希望你死後的惡作劇不要這麼離譜。或許可以考慮在死後兩週發推特？發文內容說：「你走的每一步，我都盯著你。」[9]這就足以嚇壞人了。

---

9 出自警察樂團的《你的每一次呼吸》（ *Every Breath You Take* ）的歌詞，
　 講述變態跟蹤狂。

15

如果有人要賣房子，
他們必須告訴買家，
房子裡死過人嗎？

寫這本書時，我洛杉磯住家附近正在蓋豪華新大樓。房子標價過高，外型也不好看（那就像巨大的白色特百惠塑膠盒），但我們可以確定屋裡沒死過人，目前還沒有。

良心建議：如果你堅決要找沒死過人的房子，請選購新成屋，而且還是你親眼看著它慢慢蓋起來的。如果你住在美麗的戰前平房或維多利亞時期的豪宅，你一邊看電視一邊吃爆米花的地方，可能就有人在那裡嚥下最後一口氣，沒有人有必要告訴你這件事。

關於售屋是否該告知買家有人在屋裡過世，各地的規定不同。一般而言，如果是「安詳過世」（不是被人亂刀砍死），賣家不需要知會買家，而意外死亡（例如從樓梯上摔死）和自殺也不需要。美國任何一州的法律，都沒有強制要求賣家說明屋內是否有人因為人類免疫缺陷病毒或愛滋病去世。就某些例子而言，房仲會建議賣家不要透露有人過世，免得物業滯銷。沒有屋主希望買家聯想到血腥的犯罪場面，或想到如電影《鬼店》電梯打開湧出大量鮮血，或……你知道的……猛鬼惡靈。

很多人在家中過世，這樣的房子多到出乎預料，**也許你讀這本書時待著的家就是其中一間**。別忘了，大部分的人通常都在自宅過世，而不是在醫院或養老院。如果你家有一百多年的歷史，這個屋簷下應該死過人。

在自家安息的人，臨終時身邊可能都是親屬和照護人員。他們死後會立刻得到安置，遺體不會在家中腐壞。這不是鬼故事的題材。

即使遺體真的在屋裡腐爛，訓練有素的清潔團隊也能清得乾乾淨淨的，你絕對不知道，曾經有屍體在你的小窩裡分解腐爛。

例如我有個朋友，就稱她潔西卡吧，住在洛杉磯五樓公寓。某個春天，她發現家裡瀰漫著一股怪味道。起初，她以為是貓砂盆清得不夠乾淨。

沒多久就發現味道來自她家正下方，有個獨居男子在家過世，超過兩週都沒有人發現。「貓糞味」其實是穿過老舊公寓樓板四散的屍臭。後來當局趕來處理，搬走屍體。克制不住好奇心的潔西卡悄悄走下消防梯，在窗外探頭探腦的。她看到驗屍官帶走屍體之後，死者殘留的痕跡，地上有一層厚厚的黑色汙漬，裡面有鮮紅色的小蛆扭動著。

當然，你不願意租到這種狀況的公寓。但是，往後快轉幾個月，等公寓清空，一切都光鮮亮麗，房東也已經找到新房客。潔西卡碰到新鄰居，問他們是否喜歡新家。對方很開心，完全沒提到怪味道，潔西卡決定，絕口不提他的老鄰居。

那麼，新房客會知道屋裡死過人嗎？加州立法規定，房東必須知會三年內是否有人死亡，而加州也是少數有相關明文規定的一州。如果不知情的房客之後覺得這則死訊令他們不安，有權提出控訴。因此房東事先說明，才能預防官司纏身。顯然潔西卡的房東可能不清楚這條法令（或置之不理），所以隻字未提。

總會有人忍不住好奇，想直接問房東吧？

在美國某些州，好比喬治亞州，除非**你主動問起**，否則房東可以忽略不提，但如果你問了，對方就得據實回答。這就像吸血鬼不會主動進你家，除非你自己邀約。關於潔西卡的故事，我要提醒的一件事，就是你如果擔心新家最近死過人，就要親自開口問。

大多數的案例中，問了就能得到答案，但也有一些地方例外（奧勒岡州，我說的就是你）。奧勒岡州的房東不必告訴你屋裡是否有人過世、何時過世，即使是血腥謀殺案也不例外。無論是命案、自殺或自然老死，奧勒岡州的房東都有權隱瞞。

就房仲的術語而言，關鍵在於「重要事實」，也就是影響買家購屋意願的事實，一般而言是地基龜裂或看不見的結構問題。每一州的重要事實各有出入，血腥命案可能是重要事實，所以必須先告知，善終或意外過世則不在此列。

發生過凶殺案的物業可能成為「滯留物件」，也就是「惡名昭彰」的房子，發生過殘暴罪行或鬼魂出沒的房子也一樣。也許，賣家不肯提起2008年那個三條人命的殺人案，但你若從鄰居口中得知這間房子「很有名」，你可能就有理由終止合約或提出告訴。同樣地，每一州都有不同的規定。

說真的，我頂多只能勸你接受，你以後很有可能會住到有人過世的房子，但你不會有事的。我媽媽是房地產仲介，她賣掉的物業才剛經歷九十歲屋主逝世。媽媽如實告知有興趣的買家們（反正她不說，鄰居也會說的），也要他們回家想一想。對方認為這無所謂，因為老婦一定是深愛這間屋子，才想要在家裡安詳離世。

我希望能在家中安息，但也沒打算陰魂不散。如果你還是很害怕新家曾有人在裡面過世，請直接詢問你的仲介或房東。

不過，若在奧勒岡州就免談了。

16

如果我只是昏迷，
而人們沒搞清楚
就把我埋到地底呢？

好，我要進一步問清楚，你的意思是指你不想被活埋，對吧？瞭解。

算你走運，不是生活在古早年代（20世紀之前）。畢竟說到宣告死訊這件事，當年的醫生有不少誤判的例子。他們用來判定你是否死透的方法不但簡陋，簡直嚇死人。

以下舉幾個有趣的檢視方法，大家把它們當成笑話聽聽就好。

- 把針刺進趾甲或心臟、胃部。

- 用刀在腳掌上切片，或是用火熱的撥火棍燒腳。

- 對溺水的人用菸草煙霧灌腸，也就是說某人會「把煙吹進你的屁眼」，看看能不能讓你暖活，重新開始呼吸。

- 燒手或切下一根手指。

我最愛的一個方式則是：

- 用隱形墨水（以醋酸鉛製成）在紙上寫「我真的死了」，然後放在疑似死亡的人臉上。根據發明人，如果屍體開始腐爛，就會散發出二氧化硫，隱形字便會因此浮現。不幸的是，活人也會吐出二氧化硫，特別是有蛀牙的人，所以這種方法有可能導致誤判。

如果你因此醒來、恢復呼吸，或是對這些「測試」有任何肉眼可見的反應，那麼哈利路亞！你還沒死，只是少了一塊肉，剛剛戳進你心臟的針這時才要了你的命。

沒經歷戳刺虐待、刀削煙燻的可憐人呢？以及直接被宣告死亡，抬去埋葬的人呢？

就拿16世紀的馬修·瓦爾（Matthew Wall）當例子吧。這個人住在英格蘭的布羅恩，他很幸運，抬棺的人途中踩到濕葉子滑倒，使棺材掉到地上。據說棺材落地時，馬修醒來了，並趕緊敲蓋子請人放他出來。直到今天，每到十月二號，當地都會過老人節，慶祝馬修死而復生。對了，他後來又**多活了24年**。

就是因為有這些故事，某些文化才會有活埋恐懼症。當年馬修·瓦爾的「屍體」還沒下葬，但安傑羅·海斯（Angelo Hays）就沒那麼走運了。

1937年——沒錯，1937年也不是未開化年代，但至少離你出生年份很遠——法國人安傑羅·海斯騎機車出事。醫生因為摸不到脈搏，便宣告他死亡。他很快就被下葬，甚至連父母都來不及看看他變形的身軀。要不是壽險公司覺得事有蹊蹺，安傑羅可能就真的永遠不見天日了。

安傑羅入土兩天後，警方挖出屍體調查，當時這具「屍體」竟然還有溫度，安傑羅還活著。醫界認為，安傑羅只是陷入重度昏迷，因此呼吸異常緩慢，也是因為這個原因，埋在地底才沒有窒息[10]。安傑羅後來康復，安享天年，甚至還發明了附有無線電傳輸器和馬桶的「安全棺材」。

幸好，現在是21世紀，如果你今天陷入昏迷，醫院有各式各樣的方法確定你是否真的死亡，才會讓你下葬。雖然檢驗結果顯示你技術上而言還活著，但你的狀態恐怕對你或家屬而言都不是好事。

電視、電影常將「昏迷」當成「腦死」。「克蘿伊是我的真愛，現在卻陷入昏迷，永遠不會再醒來。我得決定是不是要關掉維生設備。」好萊塢電影中的醫學解釋，會讓人以為兩種狀況一樣，離死亡都只有一步之遙。錯！

如果可以選擇，你絕對不希望腦死（老實說，昏迷和腦死兩種狀況都不妙）。一旦腦死，絕對不可能甦醒。你不只會失去創造記憶、控制行為能力、思考、說話的上層腦功能，下層腦掌管的非自主性功能也會喪失作用，亦即失去控制心跳、呼吸、體溫和反射動作等維生機制。大腦控制了許多身體功能，你才不必

---

10 作者註：如果呼吸正常的人遭到活埋，可能窒息死亡。一般人在棺材裡頂多只能存活五個多小時，如果因為緊張導致換氣過度，會更快用完密閉空間中的氧氣。

隨時提醒自己「要活著，要活著……」。如果腦死，這些機能都由醫院設備如呼吸器和導管協助控制。

因此腦死無法復原，腦死就是死了，沒有任何灰色地帶（這是和腦子有關的笑話），只有腦死和不是腦死的分別。然而，昏迷在法律上的定義是人依然活跳跳的，也就是說，昏迷者的大腦仍有持續作用，醫生可以靠觀察腦波的活動和你對外界刺激的反應加以測量。換句話說，你的身體繼續呼吸，你依舊有心跳等等。更棒的是，你有機會醒來且恢復意識。

好，如果我重度昏迷呢？會不會有人關掉維生設備，把我送進太平間呢？我會不會在棺材裡繼續昏迷？

不會。現在有各式各樣的科學檢驗方法，能確定病患不只是昏迷，而是真正的腦死。

其中幾項包括：

· 檢查瞳孔是否有反應。瞳孔接受光線是否會收縮？如果腦死，就不會有任何反應。

· 用棉片抹過眼球。如果你會眨眼，就表示你還活著！

- 檢驗你的咽反射。醫生可能會用呼吸管進出你的喉嚨，看看你有沒有出現痙攣反應。死人不會有反應。

- 在你的耳道注射冰水，如果你的眼球不會迅速左右震顫，情況恐怕不妙。

- 檢查自主呼吸。如果移開呼吸器，二氧化碳會在體內堆積，最終導致窒息。血液裡的二氧化碳濃度只要到達55毫米汞柱，活人的腦子通常會告訴身體要呼吸，否則就代表腦死。

- 腦波檢查。這種檢驗一翻兩瞪眼，活著就有腦波，死了就沒有。腦死不會有任何腦波活動。

- 偵測腦血流量。醫護人員會在你的血液裡注射放射性同位素，一段時間過後，他們會在你的頭頂上用放射性台子顯影，觀察血液是否流入腦子。如果有，就不是腦死。

- 注射阿托品。活人心跳會因此加快，腦死患者則不會有任何改變。

除非通過**多項**測試，否則醫生不會宣布腦死，而且腦死必須經由一位以上醫生判定。要經過多重的檢測和深度的體檢，醫生才能宣布你從「昏迷患者」成為「腦死」狀態。現在不再只是有人拿針戳心臟，或是潦草寫著「我真的死了」的紙張，就能宣告死亡。

如果你還沒腦死，就不太可能逃過各種測試，只是昏迷就被送出醫院。即使真的發生了，就我所認識的那些殯儀館工作人員和法醫們，也不可能看不出活人和屍體的差別。從業以來，我已經見過幾千具大體，告訴你，死人從各方面看來都是徹頭徹尾地死透透了。雖然，我的話可能無法安慰你，也稍嫌不夠科學，但我有信心，你不會碰上這種事情。從「恐怖死法清單」上，你可以刪掉「昏迷卻遭到活埋」，把這項移到「恐怖的地鼠意外」之後。

17

如果人死在飛機上
怎麼辦？

　　空服員會打開飛機的緊急逃生門，把揹了降落傘的你的屍體推出去。而且事先把你的名字、地址寫在卡片上，塞到你的口袋裡，卡片上註明：「放心，我早就死了。」

　　（事實查核人員通知我，這不是航空公司的政策。）

　　如果你死在飛機上，通常不是因為墜機意外。墜機的機率很低，一般人搭飛機的墜機機率是一千一百萬分之一。之所以告訴你這個統計數字，是因為我自己超害怕墜機。不過這種事情不太可能發生，你搭飛機很安全。

每天有八萬人搭機，必然有人因為心臟病、肺病或其他老化疾病在飛機上過世。或者喝了薑汁汽水之後，死在大西洋上方，也不是不可能。幾年前，我從洛杉磯飛到倫敦，吃完香料烤雞咖哩[11]之後，隔壁的先生突然倒向走道，吐出咖哩雞肉就一動也不動。「要命，這可不是演習！」我心想。雖然我在殯儀館上班，要我接下來都坐在死者旁邊，我也很不自在。幸好飛機上有醫生，她幫助了那位先生恢復正常，他後來甚至換到頭等艙（而我只能留在經濟艙，默默忍受雞肉嘔吐物的味道）。

機組人員碰到急難意外和死亡事件，各有不同的應對方法。如果乘客命在旦夕，也許還有一線生機，他們會找最接近醫療設備的機場降落。那如果乘客死了……反正現在都死了，降落在波拉波拉島時也是同樣狀態，急什麼？

如果你剛好坐在死者旁邊，會覺得非常超現實，鄰座竟然是死人。你可能會對空服員說：「抱歉，打擾了。不過我可沒答應接下來五小時都坐在屍體旁邊。」

如果你坐靠窗，死者靠走道，更是妙不可言。放心，空服員應該會馬上搬走屍體，放在乘客看不到的地方，對嗎？

不是喔，他們絕對會把死者繼續留在你旁邊。

在航空業全盛時期，航空公司一定會保留幾個空位，至少有一整排可以放屍體。如今常搭飛機的人都知道，航空公司會賣掉每個位子。如果遇到滿員班次，空服員會用老舊的毯子蓋住死者，扣好安全帶，這樣就算是處理完畢了。

你說：「飛機上一定有地方安置屍體吧。」你搭過飛機嗎？機上擠得像沙丁魚。至於洗手間也不可能，死者會滑到地上，而且飛機降落之後，廁所門就打不開了。如果航班時間不超過三小時，屍僵就會開始，到時要移動則更困難，況且把奶奶放進廁所也不太尊重。其餘選項就只有：把屍體放置在沒人坐的那排（如果有空位）、放在你旁邊（如果完全沒空位），

---

11 Chicken tikka masala，這道菜的起源不明，很可能是印度的旁遮普或印度移民在蘇格蘭的格拉斯哥製成。在英國廣受歡迎，被公認是英國的國菜。

或放在廚房（平時放飲料餐車的地方）。而其中的最佳處理方法就是空服員將屍體放在廚房，蓋好之後，再拉上簾子。

為什麼不考慮在飛機上設個停屍櫃？

很久很久以前（大概2004年吧），新加坡航空公司設計了我們以為每班飛機都有的屍體暗櫃。該公司明白，乘客在機上過世在所難免，希望「減低這類悲劇所帶來的創傷」。暗櫃裡有固定帶，以防飛行顛簸，導致遺體摔出櫃子。新航在空中巴士A340-500中安裝暗櫃，這架客機專門用於當時最長程的航班，也就是新加坡到洛杉磯的17小時，而且中途少有地方可以降落。可惜這些空中巴士後來停產，其他飛機也沒有這種革命性的停屍櫃。

同班飛機上若有死者，可能會讓你感到不太舒服。儘管我面對遺體非常自在，但連我都不想坐在陌生人的屍體旁邊。如果我告訴你，機上其實常有遺體，只是你不知道，你會不會因此感到比較坦然呢？我指的是和行李一起放在貨艙的大體。常會有死者從一地被運往另一地，比如說死者生前住在加州，遺願是葬在密西根；或者死者在前往墨西哥度假時過世，必須被送回紐約。我的殯儀館經常處理這類大體，我們將他們放入耐用的箱子，送到機場，再由飛機送他們回家。所以你搭乘的班機，底部可能還有另一名乘客。

最後告訴大家，機組人員會表示，沒有人在飛機上過世。因為如果乘客在飛行期間過世，機組人員得處理大量文書工作，甚至整個航班都要隔離，以防出現傳染病。此外，警方可能會將機艙視為犯罪現場，暫時禁止這班飛機航行。轉機本來就夠麻煩了，座位32B還發生事故，搞得好像美劇《法網遊龍》的拍戲現場。與其承認乘客在空中過世，航空公司通常會在降落之後，才請醫護人員宣告死亡。畢竟多數空服員不是醫生，可以辯稱他們沒有資格宣告法定死亡。是啦，這名乘客已經三小時沒呼吸，還出現屍僵，但那也不代表什麼！

如果同班飛機上有人死亡，現在你知道會有哪些狀況了。一路坐在死者鄰座飛到東京的確不理想，但我寧可旁邊是死人，也不希望是嚎啕大哭的嬰兒。寶寶們，我無意冒犯，我只是更習慣屍體的存在。

18

墓園裡的屍體會不會導致
飲用水變得很難喝？

　　慢著，你對一大杯可口的屍水有意見？

　　好吧，沒有人希望飲用水附近有屍體。無論你多
坦然面對死亡，光想到都覺得噁心。每隔一陣子，我
們就會聽到某個地方有死屍汙染水源。霍亂就是絕佳
的例子，你絕對不想染上這種病。霍亂是透過糞便傳
播，致病的細菌會進入你的腸道，導致你嚴重水瀉好
幾天。如果你沒接受治療，可能會因此喪命。如果那
些水瀉糞便進入供水系統，飲用水就會變得不乾淨，
導致更多人染上霍亂。每年約有四百萬人染病，病患

通常是缺少乾淨水源的窮苦人家。

　　這跟屍體有什麼關係？西非等地的霍亂疫情就是
屍體所致，當地居民卻渾然不覺。當家中有人死於霍
亂，家屬需要清洗、整理大體，而屍體的糞便（帶
有霍亂細菌）會進入水中，洗屍者則一邊準備葬禮餐
點，細菌便會藉由他們的雙手傳播。葬禮上的水和食
物都不乾淨，霍亂也因此很快就大爆發。

　　聽起來駭人聽聞，但我也要澄清：只有特定傳染病
（例如霍亂和伊波拉），屍體才有高危險性。目前這
些疾病在歐美國家已經很罕見了，睡衣被火燒到都比
伊波拉更可能害死你。況且我們非常幸運，可以享受
昂貴的衛生設施與中和霍亂細菌的垃圾處理系統。即
使你想清洗、整理死於癌症、心臟病或機車事故的遺
體，再轉身去料理食物，無論是清洗者或享用食物的
人，都依然安全無虞。（雖然不管你這一天有沒有洗屍
體，我依舊建議你在準備餐點前洗手。）

　　那如果水裡有一具屍體呢？這個例子當然比較極
端。首先，光想到就覺得噁心，而且沒有人希望供水
系統裡出現浮屍或臭齁腐屍，但是埋在墓園的屍體
呢？屍體在地下分解，而地下水又是鄉間的供水來

源。屍體分解聽起來很噁心,而飲用水附近有腐爛的屍體,總是不太好吧?

遺體分解後會汙染土壤和地下水嗎?

科學家對這種情形做過研究,可以回答你的問題。

腐化分解看起來(或聞起來)很噁心,但分解屍體的細菌並不危險。不是所有細菌都有害,且這些細菌不會害活人染病,只會吃死屍。

為了研究入土後的屍體,科學家調查墳墓附近的水和土壤中的分解產物(「分解產物」讓我聯想到名牌 T 恤和 iPhone 殼)。如果死者葬得較淺,未經過化學防腐處理的遺體很快就會分解,肥沃的土壤就是「縮短分解過程的淨化元素」。不僅止於此,地表附近的土壤可以預防汙染源流入更深處的地下水。屍體只要沒有前述的傳染疾病,水源通常不會有問題。

其實預防屍體腐化的過程比任由遺體自然腐化,對環境更有害。經防腐處理的遺體通常放在厚實的硬木或金屬棺材裡,埋在一米八深處。對死者或任何人而言,我們以為埋得越深越安全。然而,金屬、福馬林和醫療廢棄物的用意是保護遺體,卻汙染了地下水。

舉例來說，你知道美國內戰士兵還在「進攻」……供水系統嗎？聽起來很奇怪，卻是事實。美國內戰奪走60多萬名士兵的性命，傷心欲絕的家屬希望他們的遺體能送回家鄉下葬。但是當局不可能把腐爛的屍體放上火車運送（憤怒的列車長也不可能答應），多數人又買不起火車公司規定的昂貴鐵棺材。於是，有創業精神的防腐師開始跟著軍隊，在帳篷中幫捐軀的士兵做防腐處理，防止他們在回鄉途中腐爛。當時這些防腐師尚未掌握這門技藝，材料從鋸木屑到砷都有。然而砷的問題就是對活人有劇毒，導致人們罹患癌症、心臟病、影響寶寶成長發育……問題多到無法一一列舉。即使內戰早在一百五十多年前落幕，致命的砷依舊繼續從當年的墓園滲出。

當年的士兵在地底慢慢腐化，屍體混合土壤，釋放出砷。在大雨或洪水沖刷下，混有高濃度砷的土塊進入當地的供水系統。坦白說，水裡有一點點的砷都算太多，除非極微量，才能安全飲用。研究人員在愛荷華市內戰時期的墓園中發現，附近的水含砷量是安全量的三倍。

錯不在士兵。要不是有人在他們的屍體內塞了大量的砷，他們的腐化屍體也不會引起癌症。幸好殯葬業在一百多年前就停止使用砷，但是福馬林（砷的代替品）也並不是完全無害。

總之，除非你清洗死於伊波拉病毒或霍亂的遺體（應該不可能），或住在內戰時期墓園附近（可能性稍高，但也不太可能），否則你家的飲用水不太可能被屍體所汙染。

但是，人類就是很難克服水源附近有屍體的恐懼，就拿「水葬」（aquamation）來說吧。你已經知道什麼是火葬，就是利用火焰燒掉肌膚和有機質，只留下骨骸。水葬則是藉由水和氫氧化鉀溶解屍體，最後留下白骨。水葬比較環保，也不需要動用珍貴的天然氣，但是有些人聽到屍體溶於水中就嚇個半死，雖然水葬過程的水毫無危險性，他們一聽到這些水最後會排到下水道更是抓狂。報紙的頭條是「喝一杯爺爺吧」，而下面的小標則是「計畫將死者沖到下水道」。這可不是我瞎掰胡謅，更糟糕的是，還是備受敬重的大報刊登的。唉，那就不要把爺爺喝下去囉，小朋友。

19

我看過沒皮膚的死人
踢足球展覽，以後我的屍體
也辦得到嗎？

　　我知道了，如果是沒有皮膚的屍體踢足球，你說的肯定是人體世界展（Body Worlds）。當初的人體世界展是 1995 年在東京開幕，2004 年開始到美國巡迴展出。（多留意囉，屍體大軍可能快到你的家鄉了！）成千上萬的人看過這些展覽，有些觀眾非常喜歡，覺得此展出教導我們瞭解科學、人體和死亡；有些人則說是：「針對資本主義過剩，而以布萊希特[12] 流派所呈現出的可怕諷刺作品。」（我也不懂這句話，但聽起來似乎很糟糕。）總之，只要你看過有胚胎剖面的孕婦、一對正在性交的男女或踢足球的無皮屍體，就很難忘記這些怪異的塑化屍體。

第一：是的，這些全是真正的人類大體。除了幾具例外，這些人都是自願在身後成為展示品的。大約有一萬八千人自願捐贈大體給人體世界展，多數是德國人，展覽出口處還有捐贈卡可填寫，其中有位女子要求屍體被擺成俯身接排球的姿勢。而裡頭所有展出的屍體都是匿名，才不會有人去找某人說：「彈空氣吉他的那個人是傑克嗎？」

人體世界展，絕對不是人類初次展出防腐處理過的屍體。就像料理、運動、說故事、聊八卦，保存屍體幾乎是世界各地的娛樂消遣。從中國、埃及、美索不達米亞到秘魯的阿他加馬沙漠，有特殊技藝的人會用藥草、瀝青、植物油等天然產品製作木乃伊，他們還會移除內臟、挖空整具屍體。防腐處理在文藝復興時期進化得更精確，人們發現，只要將液體直接注射到死者靜脈，就可以藉由循環系統送到屍體的每一處。這些混合物包括墨水、水銀、葡萄酒、松節油、樟腦、硃砂和「普魯士藍」（六鐵氰化鐵）等。

那麼，方便了解一下，
我的屍體該如何做成標本呢？

這就要說到人體世界展的防腐技術了，也就是生物塑化技術。這種技術原本是用來為學生製作大體標本的，但是經過巧手修飾，屍體也能成為詭異的塑化雕像。

如果你打算捐出大體做成標本，身體會先用福馬林浸泡，再經過解剖、脫水。屍體浸泡在冰冷的丙酮中時，體液和軟組織（水分和脂肪）會被抽乾，而丙酮就是化學去光水的主要成分。丙酮會取代你體內細胞的水分和脂肪。記得你的身體有六成都是水分嗎？現在這六成就變成了去光水。

接著是最重要的步驟，灌滿丙酮的屍體要泡在真空密封室中的沸騰溶化塑料如矽膠和聚酯中。真空狀態會迫使丙酮沸騰，從你的細胞中蒸發，融化的塑料則慢慢進入你的身體。接著再藉由活人外力幫助，你的

---

12 Eugen Bertholt Friedrich Brecht（1898-1956），德國戲劇家、詩人，認為戲劇是模仿人類行動，引發觀眾的憐憫或遺憾。作品包括《勇氣媽媽》、《伽利略傳》等。

塑化屍體就能擺出想要的姿勢了。

　　根據要硬化的種類和數量，工作人員會選擇紫外線光照、瓦斯或加熱方法，讓擺好姿勢的屍體定型不動。好了！恭喜你成為硬梆梆又無臭的塑化屍體，看起來正想要去接排球。整具屍體塑化過程可能長達一年，總共需要五萬美元。

　　開發出屍體定型技術的德國人岡瑟・馮・哈根斯（Gunther von Hagens）自稱為「生物塑化家」（the plastinator），這個名號有一種職業摔角選手或低俗恐怖片的氣氛。他在德國經營一所生物塑化機構，遊客可以進去參觀他的作品。如果你考慮死後捐出大體、參與巡迴展覽，你有必要先知道馮・哈根斯的事業有多少爭議。

　　馮・哈根斯涉嫌從事非法買賣屍體來牟利，也就是向中國和吉爾吉斯兩處無權販售屍體的醫院購買屍體。死者完全不知道自己死後會被做成吹薩克斯風的標本，也不知道永生永世都會撐著那一張被扒下來的人皮。人體世界展有這種惡名實在可惜，因為有很多人樂意捐獻大體來參與展覽。

不要將人體世界展和人體標本展（Bodies: The Exhibition）混為一談，後者只是搭人體世界展的順風車。這個組織的網站指出，展示的「中國公民或居民的遺骸完全來自中國公安部門」，包括身體部位、器官、胎兒、胚胎都是同一出處。該組織表明他們「完全仰賴中國合作廠商提供，無法獨立證實這些遺骸生前不是關押在中國監獄，繼而被處決的人」。喔，被處決的犯人啊，還真適合闔家觀賞。

如果你去看過這些展覽（或是任何無法證明骨骸出處的人類標本展），那些人可能自願在身後成為標本，而且經過合法捐贈；也可能有人會很驚訝，自己的屍體竟然是這種下場。

最後要提醒大家，人體展偶爾會有部分標本失蹤。2005年，兩名神祕女子在洛杉磯的人體世界展偷走一個塑化胚胎。2018年，紐西蘭某男子短暫偷走兩根塑化腳趾。每根價值三千多美元，雖然不是胳膊或一條腿，但也是一大筆錢呢。

20

如果有人過世時正在吃東西，身體會繼續消化那些食物嗎？

你死了，還會繼續消化披薩嗎？

呃，不算會。胃裡的食物不會因為你過世就立刻停止消化，只是過程會變慢。

請想像以下畫面：你在網路上看影片，嘴裡吃著美味的披薩，結果心臟病發暴斃。其實披薩已經開始被消化，因為你咀嚼時，不只切碎披薩，唾液裡也有消化酶開始分解醬料、餅皮和乳酪。吞下披薩，食道收縮，這團混合了消化酶的可口乳酪球就被送進胃部。

如果你還活著，胃就會開始消化食物，分泌鹽酸來分解披薩，胃部的肌肉擠壓則負責混合、搗碎。但是你死了之後，胃不會再分泌或進行搗碎的動作，唯一有助於分解披薩的是你死前分泌的消化液，以及消化道裡的細菌。

當然，披薩也會成為你的「呈堂證供」

假設好幾天都沒人發現你過世。該死，這個披薩將會有很可怕的結局。抱歉，法醫必須驗屍，來判定你的死亡時間。當他們切開你的胃之後，那片披薩就是鑑識人員的好夥伴，理由如下。

如果我們知道你是週二晚上七點半買披薩，屍體週五被發現，你體內半分解的披薩狀態和位置也許可以提供線索，來判定你吃下之後活了多久。如果胃裡的披薩幾乎沒消化，我們就知道你吃下最後一餐沒多久就過世了（這也是事實）。如果披薩成為一團糊泥，已經進入腸胃道，就知道你還有時間消化，死亡時間應該更晚。這是為了調查「死後間隔時間」（postmortem interval），也就是「你死多久了」。

但你別搞錯了，「胃裡的披薩是什麼模樣？」不見得能提供有用的答案。鑑識病理學家的確會看胃裡的內容物做粗略判斷，但是還有其他原因影響消化，例如使用藥物的狀況、是否有糖尿病、這頓餐點含有多少水分等等。法醫檢查死者胃裡的內容物，從未消化的口香糖（比你想像得還要普遍）到糞石都有，糞石就是日積月累無法消化的硬塊（不要上網搜尋，這是為了你好）。病理學家也要觀察你的腸子，這個過程比切開胃困難多了，也更噁心。病理學家會取出你的腸子（長度大概等同一部巴士），放入水槽，全部切開。病理學家的朋友說這就是「檢查腸子」，然後仔細檢查這條噁心的管道。裡面有什麼呢？搗碎的披薩、糞便、異常用藥？誰曉得？這就是冒險的一部分。（這種冒險讓我再次慶幸自己在殯儀館工作，而不是驗屍的病理學家。）

請記住，如果警探沒找到七點半送披薩到府的收據，未消化的披薩就幫不上忙。假設我自己早上十點吃剩下的披薩，下午三點又吃了一次，現在可能會再去吃一塊（等等，我沒必要向你說明自己的生活習慣）。但警探就沒辦法知道我何時吃下披薩，胃裡披薩的狀況無法幫助他們判定我的死亡時間。

胃裡未消化的披薩也許可以判斷你的死亡時間，但是對整理屍體供家屬瞻仰的防腐處理師而言卻是大問題。整塊披薩表示胃裡有腐爛的食物，妨礙防腐過程，所以他們才要動用穿刺套管。穿刺套管是一根粗大的長針，防腐處理師將針戳進你肚臍下方的腹部。用意就是刺穿你的肺部、胃部、腹部，抽出裡面的物體，包括氣體、液體、糞便，對，還有你的爛披薩。

也許，你不希望穿刺套管抽出你未消化的食物，因為你希望在久遠的以後，這些食物可以用來判斷你這個時代的人類都吃些什麼。兩名德國登山客在奧地利和義大利邊境發現五千三百年前的木乃伊奧茨（Ötzi）[13]，科學家在檢驗胃內容物時，發現他背部中箭身亡前——多麼卑鄙的凶案！——究竟吃了些什麼。我先爆雷，可不是披薩，是肉（羱羊和紅鹿）、單粒小麥（einkorn）和「微量的毒歐洲蕨」。他的食物比科學家預期的含脂量更高。（我完全可以理解！）因為他沒時間消化，我們才能透過奧茨的胃，瞭解五十二百年前的生活和飲食內容；或許以後你的美式鬆厚披薩和辣味奇多也有同樣功效。

---

13 冰人奧茨是目前世上最古老的木乃伊，於1991年被發現。

21

每個人都能裝進棺材裡嗎？
要是有人長得特別高呢？

聽著，若有些人塞不進棺材，殯儀館就得想辦法。這是我們的任務，家屬都靠我們了。如果沒有其他選擇，**我們可能得切掉他們膝蓋以下的小腿，硬塞進去。**

才怪！什麼鬼啦？**我們才不會做這種事情。**為什麼大家都認為殯儀館會用這種方式對待高個子！

可悲的是，這種截肢謠言不只是都會傳說，在2009年，南卡羅來納州真有其事。過世的男主角高達200

公分，是很高，但就棺材標準而言（容後再述），其實也沒那麼高。後來他的大體被送往凱夫殯儀館。

故事就是從這裡突然變得「老天爺啊，也太扯了」。當時凱夫殯儀館老闆的父親常幫忙打雜，例如打掃、幫大體穿衣服、放入棺材等零工。親愛的老爸爸說，有一天他心血來潮，**決定用電鋸切斷死者的小腿，再把小腿放在他身邊**。他們甚至只讓男子露出頭部和身體供家屬瞻仰，理由顯而易見。四年後，經過前員工透露，他們才開棺檢查。大意外！他的小腿還放在旁邊呢。

決定鋸斷屍體小腿實在太離奇，我聽到時根本不相信，因為殯葬人員才不會鋸掉死者的腳掌或小腿，不僅有違常識，也不符合職業道德。即使死者妻子懇求我們：「拜託，切掉他的小腿，我才能安心。」照做也違反侵害屍體法——你猜對了，這些法律就是保護屍體完整。而且選擇鋸斷屍體也會讓現場變得亂七八糟，當然啦，這不是最大考量，但值得一提。

老實說，這個故事最不合理的情節就是屍體放不進棺材。就棺材而言，200公分不算高得太離譜。多數美國棺材都能放進200公分，甚至213公分的死者。

即使殯儀館的存貨只有比較短的款式，訂大棺材也不難，甚至只要拿掉裡面一些襯墊，就有空間了。我實在難以想像，在什麼情況下會認為鋸斷雙腿是明智的選擇。

如果死者高得異常，就像美國職籃最高的球員馬努特·波爾[14]。波爾身高超過……好吧……幾乎超過所有人，他有231公分，展開雙臂（從一手的指尖到另一手指尖）的距離更是史無前例得長，有259公分。這種高個子能找到合適的棺材嗎？

我要鄭重聲明，任何人都可以找到適合他的棺木。「大尺寸」的確比較昂貴，這麼說不代表這些額外費用是公平的支出，但這就是殯儀館的計費標準。據說有些棺木長達243公分。其實，你只要上網搜尋，就能找到專門製作比一般尺寸更大的棺木公司。

要找到適合231公分死者的棺材，可能比較難，但有些公司可以依照顧客要求客製化。要說特別魁梧或

---

14 Manute Bol（1962-2010），蘇丹裔丁卡族，曾效力華盛頓子彈、金州勇士、費城76人和邁阿密熱火隊。

特別高大的人訂不到棺材，我無法想像。拜託，網路上甚至可以下載藍圖，自己設計棺材。你想到了什麼好主意嗎？

不過，這麼大的棺材，墓地塞得下嗎？

當然，埋葬格外高的死者，在墓園可能也會碰到一些難題。如果好友馬努特想葬在草皮修剪整齊、墳墓排列井然有序的傳統墓園，他就得詢問墓穴尺寸。每個墓園的墳墓都有一定的尺寸，通常只適合「一般」體型的死者。如果選擇土葬，棺材就會放進墓室——保持地面平坦的水泥櫃。墓室往往也是「平均」尺寸，如果死者特別高，恐怕放不下，到時就得採買一塊以上的墓地（可能也要訂製墓室）。

聽起來似乎困難重重，但是231公分的人終生都要面對自己不符合社會「標準」與「平均值」的狀況，難找到合腳的鞋子、蓮蓬頭高度、門框、牛仔褲，幾乎什麼問題都有。至於特大的棺木和墓地，只是他們需要客製的另外兩個項目。

也許，他們可以跳過訂製程序，選擇綠色殯葬（natural burial），就是穿著未漂白的棉布壽衣下葬。

也許這個方法最簡單，墓園甚至可以挖個更大的洞，不需要棺材和墓室！

火葬呢？根據我在火葬場工作的經驗，加上訪問其他相關工作人員，火化特高的死者不成問題。現代火葬場可以容納213公分的屍體，除非死者**接近274公分**。理論上而言，火化爐甚至可以處理史上最高的人羅柏‧華洛（Robert Wadlow），華洛高達271公分。他當時不是火葬，但肯定得訂製棺木，據說靈柩超過304公分，重量超過363公斤。

如果你接近213公分，建議你生前（別等到死後）就開始研究棺材和墓地。和親友討論如何與殯儀館溝通，告訴他們：「記得告訴殯儀館，我有208公分，188公斤，免得他們措手不及。」家人才能為你的屍體爭取權益，預防任何人找他們麻煩。

如果你的殯儀館不知道該如何處理高個子，也沒聽過訂製棺材，你最好先確定他們是真人，不是八隻吉娃娃疊高後再穿上風衣。殯葬業者可以處理各種難題，絕對有辦法不拿電鋸發揮創意。

22

死人還能捐血嗎？

血液與生命有強烈關聯，應該沒有人想輸入死人停滯不動的血。雖然缺血時就沒得選，但死後捐血比你想像得更安全、更有效。

1928年，蘇聯醫生薩莫夫[15] 決定研究死者的血液是否能輸給活人救急。他先用狗當實驗，但多數動物試驗的設計聽起來都像——該怎麼說呢？——凌遲虐待。

薩莫夫的團隊從狗狗身上抽走70% 的血。換句話說，狗狗幾乎失去四分之三的血液。研究人員接著注射微溫的生理食鹽水，將放血（exsanguination，這個字看起來很酷吧）之後的血濃度降低九成，這已經是低得足以致命了。

但是這隻勇敢的狗狗並不是毫無希望。有一隻狗在幾小時前被宰殺，死狗的血液輸到奄奄一息的狗狗身上，後者又神奇地恢復生氣。後來的實驗也證明，只要在狗狗過世六小時內抽血，接受輸血的狗狗也不會有什麼問題。

故事說到這裡，情節比較不像《奪魂鋸》，反而開始有《科學怪人》的氛圍了。兩年後，同一支蘇聯團隊成功將死者的血液輸給活人，往後30年繼續從死者身上抽出這種保命的重要體液。到了1961年，因為協助病患自殺而被封為「死亡醫生」的傑克・凱沃基安[16]才成為美國第一個採用這種方法的醫生。

這些實驗有助於證明死亡不像關燈，人死了——停

15　V.N. Shamov（1882-1962），蘇聯軍醫、研究人員。

16　Jack Kevorkian（1928-2011），美國病理學家、安樂死推廣者、作家等，著名演說詞是「死亡不是罪」。

止呼吸、腦子沒有任何電波（我們在〈如果我只是昏迷……〉那個篇章已討論過了）──不代表身體會突然變得毫無用處。薩莫夫醫生寫道：「過世後一小時內，屍體不該被認為是死了。」用冰塊冷藏的心臟在死後四小時內都可以移植，肝臟是十小時。特別健康的腎臟可以撐到24小時，有時甚至可長達72小時，只要醫生在術後使用正確的設備。這就是所謂的「冷缺血時間」。大概就是一般人所謂的黃金五秒規則[17]，只不過這用於人體器官。

薩莫夫醫生發現，只要是驟死，或是健康狀況甚佳，就可以在死者過世六小時之內使用他們的血液。換句話說，死人也能捐血，當然，如果血液內沒有藥物或傳染病更好。心臟停止跳動之後，白血球細胞還能活上好幾天。也就是說，如果血液消毒過，狀況又很好，往生者的血是可以使用的。

有死人的血，就不用擔心缺血了吧？

既然死者可以捐血，為什麼不普及呢？有好幾個理由。坦白說，死屍只能捐一次血。醫生很早就發現，活人一年可以捐血好幾次（還能拿到免費餅乾），頻率高達每八週一次。既然健康又無病的死者數目有限，我們可以透過捐血車推廣捐血，捐血中心也歡迎民眾（活人）定期造訪。

而且，使用活人的血液還能避免爭議，免得在病患不知情的狀況下輸入死者血液。如果有人捐贈一對肺給你，出處無庸置疑（就是死人啊）。危急時刻的病患可能急需輸血，也沒有意識，醫生無法詳盡說明受贈的血液其實是從死人脖子上湧出來的。

說到從脖子上湧出，其實這就是事實真相。因為心臟停止跳動，無法輸送血液到全身，從死人身上抽血就得靠地心引力幫忙。如果病理學家需要從死者身上取血，最簡單的方法就是切開他脖子上的大血管，然後讓死者低下頭。不過，你家附近殯儀館的防腐處理師有更先進的放血方法，不需要借助地心引力。當防腐藥物進入死者體內時，血液也會跟著被推出體外，流到檯子上，進入下水道。附近捐血中心來電請我捐血時，我就會想到屍體防腐過程中那些流入水溝的血。

---

17 five second rule，只要在五秒內撿起掉到地上的食物，就不會沾到細菌的自我安慰說法。

我們不採用死者血液的另一個驚人理由，就是屍體血液的汙名，怪的是醫界卻不介意用死者的臟器。我發現有個朋友嘴裡的組織用到死人的屁股，後來才發現好多人都是。牙齦可能因為磨牙或健康問題而萎縮，這時可以靠移植死者臀部的細胞重建。所以死者的屁股沒問題，血液就不行。

　　我曾詢問紅十字會，想瞭解他們對死者捐血的正式規定，但是走筆至此，他們都沒回覆。

23

既然能吃死掉的雞，
為什麼不能吃死掉的人？

我真心認為，提出這些食人問題永遠不嫌早。現在就開動（眨眼），探索吃人肉的問題吧。

你可能覺得答案很明顯：「我們不吃過世的人，否則太恐怖了！一點都不道德！」別急著下結論。**對你而言**，吃死人可能駭人聽聞，但自古以來，都有人奉行食葬（mortuary cannibalism）。食葬就是家屬、鄰居或同社區的人吃掉死者的肉、骨灰或兩者都吃。想像一下，克蘿伊姑媽過世之後，你們坐在營火旁，吃掉姑媽的烤肉，而且大家都覺得再正常不過。

我們不必批評其他文化風俗的食人傳統，但是對21世紀的已開發國家而言，吃人絕對不可行。我們覺得有違善良風俗，只有可怕的連續殺人魔和唐納大隊[18]才會這麼做。

除了有違民情，不吃人肉還有其他更實際的原因。第一，人肉難以取得；第二，人肉沒那麼營養，好處也不大。

我們先討論「難以取得」的問題。首先，必須有人過世，你才有大餐可吃。即使有人自然老死，法律規定，你也不能因為他們看起來很可口，就取得他們的屍體。

如果你弄到屍體大快朵頤，違反哪些法律呢？有一點令人匪夷所思：吃人並不違法。**吃人肉不犯法**，取得人肉卻不合法（即使死者的遺願是讓你吃掉他）。所以你觸犯的法律是……還記得嗎？歡迎再度光顧，就是侵害屍體法！食用死人是褻瀆和損毀人身，你可能還得面臨竊取屍體的控訴。偷東西不是好事吧，對嗎？死者的媽媽想把他埋在家族墓園，現在他竟然少了一條腿，你也幫幫忙。

假設吃屍體不違法，人肉是健康的選擇嗎？

不是。

在1945和1956年，兩名研究人員分析四個自願捐出大體的成年男子，發現一般男性可以從蛋白質和脂肪提供125,822卡路里（約126大卡）。這個數字遠低於其他紅肉，如牛肉或野豬肉。

（你沒看錯，人類是紅肉。）

然而，攸關生死時，就不能說這些珍貴的卡路里沒有幫助了。1972年，佩德羅・阿爾戈塔[19] 的班機在安地斯山脈發生空難。有些乘客不幸喪生，飢餓的阿爾戈塔開始吃死人的手、大腿和胳膊。人肉並不是理想的糧食，但他可是餓了71天。阿爾戈塔說：「我的口袋裡一定放了一隻手啊什麼的，有機會就拿出來塞進嘴裡，只為了讓自己覺得有補充到養分。」在那種極

---

18 Donner Party，指的是一群在1846年春季從美國東岸出發，預計前往加州的移民篷車大隊。因為消息錯誤，他們困在內華達州山區，最後得吃餓死或凍死的成員才能維生。

19 Pedro Algorta（1951- ），著名空難的生還者，他的故事被拍成電影《我們要活著回去》。

端狀況之下，阿爾戈塔不在乎人肉是不是好的熱量或蛋白質來源，他只是想活下去。

證據指出人類從不覺得吃人是取得養分的明智之舉。英國布萊頓大學有一位考古學家發現，早期的人類如尼安德塔人或直立人有吃人的習俗。如果他們吃同族，目的是習俗，而不是為了攝取養分，因為人類所能提供的熱量遠遠比不上長毛象（總熱量高達3600大卡）。此外，人類有半數的熱量來自脂肪，對心臟不好啊！因此，無論從哪個角度討論，我們都不是好食物。

考慮到吃人肉的好處和壞處時，也別忘了評估傳染病的問題。我懂，你心想：「凱特琳！妳不是說了幾百次，說屍體不危險嗎？說死人不會傳染疾病給我？到底是怎樣啊？」

對，那些話都對。無論死者的死因是什麼，屍體不會把那些病傳染給你，事實上屍體不會害你染上任何疾病。多數病原體，即使是引起肺結核或霍亂的病原體，都無法在屍體上存活多久。但是別忘了，**我可從沒叫你吃死人。**

回到原本的問題，我們來假想一下狀況

你的問題是吃死掉的雞，那就假設你家是農場吧。某個夏天，你出門餵雞，發現大貝莎前一晚嗝屁了。你發現，大貝莎雖然看起來還沒開始腐爛，有些蒼蠅已經繞著她飛。她開始腫脹。她的死因是什麼？天啊，那是蛆嗎？

現在問問自己，你還餓嗎？大概不會了吧。

已開發國家的人民喜歡沒有蛆、沒生病，也不腫脹的肉。（但也有例外，有些民族認為爛肉很美味。我最愛引用的例子就是發酵鯊魚肉，冰島國民深愛的珍饈。鯊魚先埋過、發酵，再吊著晾乾幾個月，最後成為發出強烈氣味的腐肉美食。）

一般較常見的肉，如店裡販賣的牛肉和雞肉，都是為了成為食物而遭到宰殺。牲口、家禽被宰殺後，肉馬上得到清潔、冷藏，或放進煙燻小屋，避免細菌滋生或自溶，以致肉分解腐爛、轉為噁心的顏色，或發出怪味道。超市或肉舖販售的雞肉、牛肉或豬肉不會隨意死在某個角落。美國大概有幾百萬條法令，禁止人們撿路上的動物死屍販售。

所以，人類不適合吃腐肉或有病的肉，我們偏好新鮮、健康的肉。但是很少有身體健康、活蹦亂跳、適合拿去燒烤的人突然暴斃。多數死者都有健康問題，充其量是看起來不可口，最糟糕的還是吃下去不夠安全。這樣吧，即使你吃的肉有病，多數疾病不是人畜共同傳染。所以人類不會因為吃有病的動物，就染上牠們的病（伊波拉是少數例外）。

吃**人肉**可就不同了，可能染上經由血液傳染的 B 型肝炎或人類免疫缺陷病毒。不同於吃動物肉，如果吃了染病的人肉，你可能會罹患同樣疾病。

「小事，只要煮到全熟，這樣就能吃了！」你說。

那你就錯了。

人類可能有異常蛋白質普里昂（prion）。這些蛋白質失去形狀和正常功能，會感染其他正常的蛋白質。普里昂和病毒或其他感染源不同，沒有 DNA 或 RNA，所以無法用高溫或核放射殺死。這些頑強的討厭鬼喜歡在腦子和脊柱逗留，擴大損傷、製造混亂。

說到普里昂，科學家往往會提到巴布亞新幾內亞的富雷族（Fore）。人類學家遲至 1950 年代還觀察到當地流行的某種神經系統疾病「庫魯病」（kuru），這種傳染病奪走許多人的性命。庫魯病就是由腦子裡的「普里昂」所引起，該傳染病之所以會傳開，就是因為富雷族有吃往生者腦子的習俗。患者會出現肌肉痙攣、癡呆、無可控制地大笑或哭泣。最後腦子會出現無數空洞，死亡也接踵而來。

富雷族有人過世，家屬會吃掉死者充滿普里昂的腦，這種疾病便因此傳開，有時潛伏期長達50年。直到富雷族在20世紀中葉停止吃人腦的習俗，庫魯病的患者才開始減少。

回到我最初的論點，溫柔照料死於庫魯病的屍體沒有危險，**吃進肚子**才有。

不但違反侵害屍體法、營養價值低，又可能染病，這些理由相當充分，所以我應該可以說：「也許……不要吃人比較好？」或許日後附近餐廳的菜單會出現牧場養殖人肉（有人已經開始開發這種技術），但是在那天到來之前，我們最好還是遠離這種紅肉。

24

如果墓園已經滿了，
再也裝不下該怎麼辦？

　　如果屍體已經多到你不知道該怎麼辦，第一個明智
選擇就是擴充。可以在現有墓園擴充土地（才能規劃
更多墓地），或在附近增建新墓園。

　　「但這裡是大都市欸！」你說。「我們沒有多餘的
綠地給死人用了！」好吧，那麼……往上擴充呢？沒
錯，現代的墓園應該朝高處發展。畢竟城市人都住在
高樓大廈和公寓，習慣一戶疊著一戶。死後反而要埋
在幾百公畝的廣闊綠地，每個墓地之間還要有一定的
距離？設計這種高樓層墓園的設計師說：「如果我們

都願意疊著住，死了當然也可以疊著埋。」真知灼見啊！

　　以色列的雅孔墓園開始增建土葬塔，最終可以容納25萬個墳墓。這些高塔甚至為了尊重猶太風俗，每一層都堆了土，好讓每個墳墓都接觸到土壤。目前全球最高的墓園位於巴西，公教紀念公墓（Memorial Necrópole Ecumênica III）有32層樓高，墓園內還有一家餐廳、音樂廳和養了各種珍禽的花園。我到日本東京時，曾造訪一棟放置成千上萬骨灰罈的高樓（他們有自動輸送帶可以找到、取出正確甕子，再送到訪客室），外觀就像普通辦公大樓，完美地融入市容，而且很方便，就在地鐵站附近。許多地方都正在建造高層樓墓園，例如巴黎、墨西哥市和孟買。

　　這樣想好了，即使是廣闊的普通墓園添了陵園也要往上蓋。陵園就是墓園中間的低矮建築，死者就埋在牆上的隔間裡，也就是墓室。如果死者都埋在地底，很快就會沒有空間。只要蓋陵園，以往一個墳墓的空間可以堆疊三、四個（甚至更多）墓室。墓園根據墓室離地面的高度，分別標上不同的名稱，例如「與心齊高」、「與天爭高」等。最接近地面的就稱為「俯地祈禱」，因為便於跪在墓室祈禱。（直白來說是「最低層」，應該不好賣。）

　　如果不想往上爭取墳墓空間，另一個方法就是回收現有的墓地。如果你以為爺爺可以在同一個地方永眠，可能會覺得這種作法驚世駭俗。在德國和比利時，墓園有時間限制，根據所在地的不同，年限介於15到30年之間。時限一到，家屬就會接到通知，決定是否要繼續付墓園租金。如果他們付不起或不想付，遺體不是往下埋得更深（便於挪點空間給新朋友），就是遷往合葬公墓（擁有**更多**新朋友）。在這些國家，墓地只能租用，不能私有。

　　美國為什麼不一樣？我們為何付錢買「永久服務」，相信墓園會**生生世世**管理我們的墳墓？當初人們之所以覺得墓地可以長長久久，是因為美國幅員遼闊。19世紀時，墓園從擁擠（臭氣熏天）的城市搬到一望無際的郊區。郊區墓園甚至舉辦野餐會、讀詩會和馬車比賽。那些墓園視野寬闊，希望大家也多去看看。人們認為美國這麼大，永遠都不缺墓地，每個人都分得到！

　　嘿，先別急著下定論。在21世紀，美國每年的死亡人數是271萬2千630人，也就是每小時三百多人，每分鐘五人。有這麼多人往生，墓地不足的危機似乎迫在眉睫，其實不然，美國仍舊有大把的空地，但要在城市或過世家屬附近下葬，才是難題所在。所以紐約市比北達科塔更要爭分搶秒地解決問題。

某些抱怨墓地不足的國家才**真的有燃眉之急**，例如全世界人口密度排名第三和第四的新加坡與香港。新加坡每平方英哩的人口是一萬八千人，每、平、方、英、哩、有、一、萬、八、千、人喔。美國每平方英哩只有92人，真慘，抱歉囉。美國啊，當新加坡驚呼著說：「我們沒地方埋葬死者了。」可真不是在開玩笑。就以蔡厝港墓園當例子吧，這裡是新加坡**唯**一還能容納死者的墓園。這個國家面積奇小，已經沒有土地可以蓋墓園。1998年，新加坡通過一項法令，規定每位死者只能葬15年。時間一到，遺體就會被挖出來火化，放進靈骨塔（類似陵園的建築，只不過放的是火化的骨灰）。

如果你願意放棄土葬，火化和鹼性水解（就是用水取代火的水葬）都是不錯的選擇。最後，你會變成1.8至2.7公斤的骨灰，可以任意撒在某處或放在壁爐上。

如果你希望土葬，也許我們該加入其他國家的行列（倒抽一口氣），回收墓地。當外婆分解完之後，白骨就得挪個位子，讓位給全新一代的腐屍。恐怕沒人寫過這個句子吧？我常有這個疑問。

25

人們臨終前，
真的會看見一道白光嗎？

　　沒錯，會的。那道閃亮亮的白光就是隧道，在盡頭就能看到天堂的天使。謝謝你提出這個問題！

　　其實，我也無法解釋為什麼有些人瀕死前看得到白光，事實上，目前沒有人提出理想的解釋。虔誠信徒可能認為那是通往永生的超自然入口，科學家則認為腦子缺氧才會看見光。

　　我們只知道，這些奇怪的經驗確實存在，各個宗教、各個文化都有太多案例，不可能造假。在鬼門關前繞一遭回來的人分享的經驗都極其相似，也就是科學家所謂的瀕死經驗（near death experiences，NDEs）。雖然聽起來讓人毛骨悚然，但是瀕死經驗並不算罕見。大約有3%的美國人都聲稱有類似經驗，年長者為主的住院病患報告中，則有高達80%的比例。

要記得，並非所有瀕死經驗都一樣。不是所有人走進白光中，眼前都會閃過孩提時期的寵物或尷尬的面試回憶。有瀕死經驗的人當中大概有一半表示，他們知道自己即將要過世了（是好是壞，就看你多坦然面對死亡）。其中，四分之一的人有靈魂出竅的經驗，只有三分之一的人穿過白色的隧道。此外，我有個壞消息要宣布，我們以為瀕死經驗都很正面、祥和，但只有一半是這樣，另一半卻非常駭人。

有些學者相信，從古至今，各地都有瀕死經驗，例如古埃及、古中國、中世紀的歐洲。這些文化（其他族繁不及備載）的宗教故事類似於瀕死經驗。這就讓人想到雞生蛋或蛋生雞的問題。瀕死經驗是全世界宗教都有的經驗嗎？還是這些宗教體驗其實是人腦所致，只是基本的神經科學和生物學？

每個人瀕死經驗的場景──說是氛圍也行──通

常取決於他們所處的社會。例如，美國的基督徒可能會看到隧道盡頭有天使迎接，印度教徒可能看到死神閻摩派來的人。牛津大學的古格里·舒珊（Gregory Shushan）也在他的書中記載各種大不相同的瀕死經驗，各人看到的角色與他自身的文化相關。「我記得有個人描述耶穌是拉著兩輪馬車的半人馬，心臟在胸膛上跳動，髮型則像主教的帽子。」

但是不需要瀕臨死亡，也能有瀕死經驗，這點讓學者覺得更棘手。維吉尼亞大學的研究人員發現，半數宣稱有瀕死經驗的人並沒有生命危險。原來，不必接近死亡也能有類似經驗。

現在，我們就來聊聊符合科學的可能性解釋。如果你是腦科醫生，也許會使用讓人摸不著頭緒又望而生畏的詞彙，例如「身體感覺統合失調」。其他解釋包括腦部釋放內啡肽、患者血液的二氧化碳濃度太高，或是顳葉活動增加。

我們再找找是否有更簡單的解釋，看看另外一群走過怪異光線隧道的人吧，這些人就是戰鬥機飛行員。高速飛行時，如果沒有充足的血液和氧氣送到腦部，就會引起低血壓而暈厥。這時飛行員漸漸失去視力，看不到事物的邊緣輪廓，就像望向光亮的隧道。聽起來似曾相識嗎？

科學家認為看到隧道盡頭的白光，是因為視網膜缺血，也就是送往眼睛的血液不足。較少血流通過眼睛，會導致視力受限。此外，極度恐懼也能引起視網膜缺血。害怕和缺氧都與死亡有關，這時瀕死經驗看到的典型光亮隧道就合理多了。

如果你有宗教信仰，可能會相信上帝（或眾神）有辦法行神蹟。但科學家（即使是有宗教信仰的科學家）認為，腦部可以讓事物看起來或感覺起來變得很奇妙。他們認為臨終的經驗與生物學有關。我不是太虔誠，但我很樂意看到人馬耶穌拉著馬車接我去冥界。

26

蟲子為什麼不會吃人骨？

這個夏日天氣晴朗，你正在公園吃午餐。你咬下一口炸雞翅，嚼著酥脆的雞皮和多汁的雞肉。難道你接下來要咬骨頭，就像《傑克的豌豆》裡的巨人嗎？應該不會吧。

如果你本人都不想吃下動物骨頭，為什麼覺得甲蟲會吃你的骨頭？我們對大自然的無名英雄——壞死性噬菌體——有太高的期望。這些有機體攝食屍體或腐爛物維生，祝福它們！你想想，這個世界如果少了壞死性噬菌體的幫助，會是什麼模樣？屍橫遍野啊。馬路上被撞死的動物呢？要是沒有壞死性噬菌體，這些屍體便永遠不會消失。

壞死性噬菌體非常擅長清理死屍，以致於我們以為它們無所不能。這就像你因為太會整理房間，你媽就希望每次看到時都能一塵不染。最好別把期待值設得太高，不必冒這個險。

這支食屍大軍有很多種類。有俯衝下來吃馬路橫屍的禿鷹，有遠從16公里外都能聞到死亡氣味的麗蠅，有吞噬乾涸肌肉的埋葬蟲。各種生態的動物都可以在人類屍體上玩個盡興，可以在這裡安居立業，大快朵頤。這張死神的餐桌有充裕的席次。

記得肉食甲蟲嗎？我們請來清潔令尊令堂頭骨的小可愛？牠們的任務就是吃光所有肉，卻又不傷害骨頭。讓我們打開天窗說亮話吧：**我們不希望這些蟲吃骨頭**。尤其是因為其他移除肌膚的方法（例如強效化學製品）不只會損毀骨頭，還可能破壞某些證據，像是有利於刑事調查的骨頭上的印記等。所以就需要幾千隻肉食甲蟲來進行這項棘手的任務。此外，當你抱怨這些蟲子吃的骨頭不夠多時，其實牠們還會啃食皮膚、毛髮和羽毛！

現在來討論你提出的問題：牠們為什麼不吃骨頭？簡單的答案就是吃骨頭很辛苦，何況骨頭對昆蟲來說養分並不高。骨頭的成分多半是鈣質，昆蟲不太需要它。既然不需要這種養分，肉食甲蟲等昆蟲就還沒進化到吃骨頭，或是喜歡骨頭的程度。牠們對啃骨頭的興趣大概跟你差不多。

不過，餓到飢不擇食的時候，情況就不同了

此處有一個戲劇性的轉折：這些甲蟲通常不吃骨頭，但不代表絕對不會這麼做，這和成本效益有關。啃骨頭太費力了，但至少也是食物。馬里蘭大學的農業老師彼得‧寇菲（Peter Coffey）用白腹皮蠹（肉食甲蟲）清除死產的羔羊，親自觀察到這個現象。成年綿羊的骨頭非常堅硬，「但是胚胎和新生羔羊的骨頭有好幾個部位都還沒完全接合。」甲蟲清理完畢之後，寇菲拿出骨頭：「我發現上面有個小圓洞，直徑相當於一隻大蟲。」原來肉食甲蟲會吃密度較低、較細軟的骨頭（例如死產羔羊的骨頭）。但寇菲也指出：「條件是環境狀況絕佳，加上食物極少，牠們才會吃起骨頭，所以這種現象沒那麼普遍。」

雖然肉食甲蟲和其他食腐蟲子通常不吃骨頭，但要是真餓肚子了，也會飢不擇食，人類也一樣。16世紀末，巴黎遭到圍攻[20]，當地人民餓壞了。當他們吃完貓、狗、老鼠時，就開始挖出墓園的白骨。他們把骨頭磨成粉，做成蒙彭席耶夫人麵包[21]。祝你們吃骨頭大快朵頤！（其實最好不要，因為許多吃骨頭麵包的人都死了。）

看來，世界上似乎沒有人吃骨頭，或是真心喜歡骨頭。慢著，我還沒提到食骨蟲呢（望名生義啊，Osedax 的拉丁文意思就是「食骨蟲」或「吞噬骨頭的」）。起初，食骨蟲是在遼闊深海中漂浮的幼蟲。海裡突然出現巨大動物的遺骸，像是鯨魚或象鼻海豹。於是食骨蟲湊過去，準備享用大餐。老實說，食骨蟲不是吃骨頭裡的礦物質，牠們鑽進骨頭，是為了尋找膠質和脂質。在鯨魚消失之後，食骨蟲往往也跟著喪命，但是牠們會在臨終前產下足夠的幼蟲在大海中，等另一具腐屍出現。

食骨蟲不挑食，把牛或你老爸（千萬不要啊）丟下船，牠們也會吃。有強烈證據指出，食骨蟲從恐龍時代就開始吃海棲爬行動物，所以這些吃鯨魚的蟲子比鯨魚的歷史還悠久。食骨蟲是自然界的吃骨生物，外觀看起來甚至滿漂亮的，這些覆蓋在骨頭上的橘紅色漂浮管狀物就像深海的長絨地毯。其中，不可思議的是，科學家直到2002年才發現這些生物。誰曉得？也許世上還有其他吃骨頭的動物呢。

---

20 指當時因天主教徒與新教徒之爭而起的法國宗教戰爭。

21 Madame de Montpensier's bread，之所以有此名稱，是傳說某個頗有權勢的天主教貴婦讚揚這種麵包問世。

27

如果土地結冰，
怎麼埋葬屍體呢？

我在夏威夷長大，那裡不以寒冬聞名。成年之後，我在加州開殯儀館，這裡……也不冷。總之，我並不適合回答這個問題。我從來不必鑿開結冰的表土，來我們墓園參加葬禮的家屬、親友也不必穿保暖衣物禦寒，反而拿東西搧風，迫不及待想回到車上吹冷氣。

但是在那些嚴寒的國家，比方說加拿大、挪威怎麼辦？土地結冰就是結冰，就像屍僵，土壤會變得更堅硬。鑿土挖墳費時費力，所以有史以來，人們多半……不開鑿。

在19世紀的美國，如果有人在嚴冬過世，只能等到春天再下葬。遺體就放在停棺堂，也就是外觀像陵墓的戶外建築物。要是往生的時間剛好是在一年最不方便的季節，死者的棺材就放在這些地方，而且因為戶外冷得半死，停棺堂就成了天然的冰櫃。

有些冬天放置靈柩的建築物名字更樸實，就叫「死者之家」。歐洲、中東、美國部分地區和加拿大都有死者之家，此外還有停屍屋等稱呼。在19、20世紀，甚至早在17世紀，人們就把死者放在這些死者之家，等待冬天過去。

儘管我在溫暖地帶從事殯葬業，但我恰好認識某個專門研究死者之家的考古學家蘿蘋・雷希（Robyn Lacy）。「有些到現在還存在。」她告訴我。「而且不只看得到，甚至如今都仍在使用！」事實上你在墓園散步，可能都曾經過，找找會被誤認成工具間的樸素木造（有時是磚造）建築就對了。

有好長一段時間，冬天送葬行列的目的地不是墳墓，而是死者之家。他們通常走到墳邊，但如果地面結冰，大體就得等春天雪融才能入土為安，所以死者之家就像死後的監理所。

喪葬方式也會因地形、天氣或文化風俗而異

在某些文化中，已經徹底捨棄土葬了。像是西藏高原的地面充滿了岩石，或者因為表土結冰，不適合土葬，加上當地又沒有足夠樹木可以舉行火葬，自然就發展出另一種風俗。當地至今都把屍體放在曠野中，「天葬」名字雖然美，其實就是放任禿鷹啃食遺體。貓咪**可能**會在你死後吃了你，禿鷹可是等不及要撕裂你，帶你飛上天。

我的家鄉美國，也許（還）沒準備好可以讓禿鷹啃食的天葬。如果**現在**土地結冰，遺體該怎麼辦呢？因為科技進步，死者之家已經不流行了。（雖然我還是暱稱自己的殯儀館是「死者之家」。）

無論土壤的結凍程度多嚴重，即使是寒冬，美國多數墓園不但可以，也願意埋葬死者。在某些地方，不埋葬甚至算違法。威斯康辛州和紐約州都規定，墓園不能把遺體留到天氣回暖才下葬。政府要求，屍體得在合理的時間限制內埋葬，無論溫度是否低於零度。

但是，有些郊區的墓園沒有人力或設備挖開結凍的土壤，甚至沒有鏟雪車可以開路，將屍體送到墓園。

這時候就只能用古老的冷藏方法，等春天再舉行葬禮，大體就放在殯儀館冷藏，有時甚至就放在墓園。

在冰櫃置放屍體，等氣溫回升各有其優缺點。缺點是冬天如果太長，大體會越積越高（這只是比喻啦，意思是冰櫃可能會「屍」滿為患）。此外，屍體在冰櫃放得越久，費用也越高。好處是冰櫃和停棺室、死者之家不同，不怕天氣時冷時熱。不會有屍體突然發臭的困擾，況且防腐處理也能延緩屍體腐爛。

除此之外，如果墓園有能力（或受迫於法令）刨開結凍的土地，通常有兩種方式：「鑿開」或「融化」，或兩者並用。

鑿開結凍的土地，需要工地專用的空壓式鑿機。所費時間可不短，大概要六小時才能鑽到120公分深。另一個工具就是配有恐怖機鏟的怪手，那種機鏟是裝在怪手鏟斗兩側，有著長達幾十公分的金屬臂。那樣的機器臂就像一對毒牙，彷彿是要撬開人家墳墓的吸血鬼機器，讓毒牙穿透地表，怪手就能挖開結凍土。

另一方面，有些墓園不是刨開結冰土，而是先融雪。方法有好幾種。在指定的墳地上鋪加熱毯，場面看起來挺溫馨的，或者也可以在地面撒上點火的木炭。此外，還能準備夠大的金屬罩蓋住墳墓，在罩子裡面用丙烷加熱。這種設備就像在墓園中舉辦大型的烤肉聚會，也許給人的觀感不佳，但該做的事情就是非做不可。

鏟土之前先融雪的唯一缺點就是要花時間等候，大概得等上12到18小時，有時甚至長達24小時。但總比等上整個冬季好吧，對不對？

不要擔心爺爺得在土壤結冰時下葬，雖然要等一會兒，而且必須在冰櫃等候，但一定可以下葬。只是要多費一點工，停屍時間又更久，所以你沒猜錯，費用當然也更高。天下沒有免費的屍體冰棒！

28

你能描述屍體的氣味嗎？

請問你說的是死了多久呢？

如果剛過世，氣味就和他們生前的體味差不多。如果死者剛洗好澡，還香噴噴的時候就暴斃呢？那就會是香噴噴的。萬一他們在老舊的病房久病辭世？那就會有老舊病房的味道。

人死後第一個小時**還不會**腫脹、發綠、爬滿蛆。無論外面有多溼熱，這不是恐怖片，時間也還沒到。我們殯儀館接觸的家屬中有人想把母親的大體留在家裡，又擔心死亡的「臭味」。倘若他們打算將大體留在家裡超過24小時，我們會說明大體不會立刻長滿蛆，但需要請家屬開始用冰袋冷卻屍體的溫度。

遺體不會立刻發臭，是因為一般的「腐臭味」來自腐爛，但幾天後才會開始。別忘了，人們剛過世時，腸道的細菌還活著，而且不僅沒死，還很飢餓，**又氣又餓**。它們準備將人體分解為有機質，做其他用途。

這些細菌不只又氣又餓，在遺體上還生機盎然，是充滿微生物的生態系。當微生物分解嶄新的食物來源（就是你的遺體），同時也釋放出揮發性有機物（VOCs）。通常最臭的就是含有硫磺的成分，如果你聞過超可怕的臭屁就明白了，硫磺是許多臭味的元凶。

受過專門訓練的尋屍犬在森林裡找屍體時，就是嗅聞 VOCs。這些氣味也會吸引麗蠅，牠們可以靠著氣味接收器找到屍體。麗蠅聞到腐化（又名為屍臭）的「芬芳」，便知道那具屍體上的開放腔室就是棲息產卵的絕佳位置。不久之後，遺體上就會爬滿麗蠅的幼蟲（也就是蛆）。麗蠅媽媽，恭喜你找到完美的產卵地點。

屍體氣味中兩個最著名的化學成分，就是名符其實的「腐胺」和「屍胺」（由「腐化」和「屍體」兩個名詞衍生而成）。科學家則認為，這些臭味就是信息素（necromone），可以引起注意力或叫人避開死屍。如果你是尋屍犬或麗蠅，這些味道表示你們找到你要找的屍體了；如果你是吃腐肉的食腐動物，這些信息素聞起來就像美味的饗宴；如果你只是乏味的人類（例如殯葬業者），這個味道就會提醒你離開房間，出去透透氣。

多數送到殯儀館的大體都還沒徹底進入腐化階段，並沒有這麼充裕的時間。為了避免死者在殯儀館腐爛，我們會將遺體直接送去冷藏，延緩腐化速度，但這也不表示我們不會看到腐屍，也就是經過幾天或幾星期後才被發現的屍體。

聞過腐屍的人，不太可能忘記這種經驗。我對殯儀館工作人員和法醫進行過非正式的調查，請教他們如何描述這種難忘的氣味。他們提供的答案從「就像路上被撞死的動物但味道更重」、「像腐爛的蔬菜，好比爛掉的球芽甘藍菜或花椰菜」，甚至是「冰箱裡爛掉的牛肉」，其他的例子還包括「臭掉的蛋」、「甘草」、「垃圾桶」或是「臭水溝」。

描述腐爛的屍體，我是怎麼認為的呢？喔，那就需要來點詩意了！我會聞著甜到發膩的氣味混合著強烈的腐爛味。想像你奶奶把味道超重的香水噴在壞掉的魚肉上，再把它放進塑膠袋，放到大太陽底下曝曬個幾天。接著你打開袋子，把鼻子湊進去。

也許我們沒有統一的說法描述人類腐屍的氣味，但我們知道死人的氣味非常獨特，儘管我們沒受過訓練，無法完美地分辨。有研究人員發現，人類腐屍中有「特別的化學成分混合物」，也就是人類獨一無二的**屍香**（eau de decomp）。人類屍體的惡臭腐化氣體中，有八種成分標誌我們的獨特氣味，好吧，也不能說百分之百專屬於「我們」，或是有那麼「特別」，因為豬屍也有這些成分。可惡，臭小豬，就不能讓我們獨占這些成分嗎？

問問活在上個世紀的人，也許有更好的答案

以前的人類，因為沒有先進的冷藏系統和遺體保存技術，所以比我們更習慣死亡的臭味。我的多年好友琳賽·菲茨哈理斯[22]博士研究過19世紀的解剖室。你

覺得現代殯儀館的冰櫃很臭？老天爺啊，你該慶幸自己不是待在兩百年前的解剖室。當時醫學院的學生解剖大體，試圖多瞭解人體的神祕結構，在報告裡提到「惡臭的屍體」和「腐爛的臭味」。最糟糕的是，屍體就放在沒有冷藏系統的房裡，像木柴般往上堆疊。處理屍體的人看到老鼠「在角落啃食流血的脊椎」，一群群的鳥兒飛進來「爭奪屍肉」，年輕的學生可能還得睡在隔壁的房間。

19世紀中葉，伊格納茲・塞邁爾維斯[23] 醫生發現，接生婆經手的產婦比受訓醫生經手的產婦存活率更高，而這些醫生同時也要處理、解剖屍體。他認為，將手伸進死屍之後，又直接處理分娩的孕婦相當有風險。因此塞邁爾維斯要求，醫生在執行該兩項任務之間應該清潔雙手。結果驚人！才不過幾個月，感染的比例就從10%降到1%，可惜當時多數醫院都不肯照辦。醫生為什麼那麼不肯洗手？因為「醫院的氣味」

---

22 Lindsay Fitzharris（1982- ），美國作家、醫學歷史學家，主持《令人好奇的生與死》（*The Curious Life and Death of...*）。

23 Ignaz Philipp Semmelweis（1818-1865），匈牙利婦產科醫生，倡導醫師接生前先消毒雙手。

是他們身分的象徵，它又名為「醫院的典型氣味」。說得直白一點，原因之一，就是腐屍的味道代表了尊榮的地位，所以他們才不想洗掉。

29

遠離家鄉戰死的士兵
怎麼辦？如果始終沒找到
他們的屍體呢？

本書有些問題比較現代，例如「死在飛機上怎麼辦？」或「太空人死在外太空怎麼辦？」但其他問題則是亙古以來的疑問，例如這一題。

在19世紀之前，山長水遠地將戰死士兵運回家鄉並不常見，尤其傷亡人數若多達幾百或幾千人。如果你只是步兵，在前線死於鏢槍、刀劍或弓箭，大概只會被丟在沙場。要是走運，也許會受到起碼的尊重，集體合葬或火化，而不是丟在路邊腐爛。大老遠被送回家鄉下葬的人多半是大人物，如將帥、君王或名將。

就拿英國海軍將領霍雷修・納爾遜[24]為例，他在拿破崙戰爭時期，在自己的船上遭到法國狙擊手槍殺，納爾遜的艦隊拿下最後勝利（恭喜），但上將卻命喪黃泉，必須送回家鄉以軍禮下葬。為了保存這位英雄的遺體，下屬將他放在裝滿白蘭地和烈酒的木桶內（高濃度酒精，法文名就是「生命之水」——挺諷刺吧）。艦隊一個月後才抵達英國，而納爾遜屍體的氣體在途中不斷累積，導致木蓋彈開，嚇壞了守衛。

此後就謠傳船員輪流偷喝納爾遜上將桶子裡的「防腐酒精」，聽說他們用通心粉當吸管，再倒入比較劣質的葡萄酒掩飾罪行。我個人是寧願喝沒泡過屍體的酒啦，但據說當時的英國士兵為了喝酒，無所不用其極。

長久以來，西方國家的戰爭都是雇用職業傭兵，或強迫男丁上戰場。即使戰勝，勝利也歸於君主或名將。到了20世紀初，美國人認為將低階士兵的遺體也送回家鄉才夠「人道」。麥金利總統[25]甚至組織隊伍，將西班牙戰爭中死於古巴和波多黎各的士兵帶回國。

這不表示這道程序能一帆風順，差得遠呢。第一次世界大戰之後，美國一副：「好了，法國，我們要去亂葬崗挖出我們的弟兄，回頭見囉。」正在重建的法國不想遭到這些大型挖墓計畫的干擾，許多痛失兒子、丈夫的美國人更不願意親人死後還不得安寧。羅斯福總統本人也希望把他兒子（一名軍隊飛行員）的骨骸留在德國，他說：「我們知道許多好人有不一樣的想法。但對我們而言，家人死後多年，已經失去靈魂的可憐遺體還要被挖出來，不但令人痛心，也讓人難以忍受。」

最後美國政府調查每個家庭，看看個人希望如何處理。四萬六千名士兵的遺體被送回美國，三萬名死者則葬在歐洲的軍墓。直至今日，還有許多動人故事，敘述認養兩次大戰美國大兵墳墓的荷蘭人和比利時人，在一百多年後仍持續獻花。（當你不想去墓園幫奶奶過冥誕時，請記得**這件事**。）

就如同你的問題，有時確實無法帶回完整或可辨別的遺體。如今依舊還有七萬三千個二戰美國軍人的遺

---

24 Horatio Nelson（1758-1805），在尼羅河戰役及哥本哈根戰役等重大戰事帶領皇家海軍勝出。
25 William McKinley（1843-1901），美國第25任總統，率領美國在美西戰爭中擊敗西班牙，遇刺身亡。

體下落不明，1953 年結束的韓戰則有七千多人。那些死者可能都留在北韓，這麼說吧，以目前的外交協商來看情況依然棘手。

自從 2016 年後，負責追回、辨識失蹤士兵遺骸的單位，就是美國國防戰俘暨作戰失蹤人員確認署。該署研究人員依據證詞、歷史記載、鑑識紀錄等幫助縮小遺骸可能的範圍。如果他們認為某地可能有同胞遺骸，就會派員去追回，並以科學方式進行鑑識、檢索。聽起來似乎光鮮亮麗（國際屍體謎團呢！），其實類似殯儀館，實際工作多半牽涉到是否取得許可，必須與當地政府、士兵家屬合作，才能確保工作順利進行。

現在談談如果有士兵明天即將死亡，如何處理，遺體又該如何保存？我就引用美國軍隊的例子吧。美國是軍事強權（無論是好是壞），所以少有士兵在祖國打仗、捐軀，通常都在遠方遭到殺戮或喪命。即使你不贊成這種軍事政策，或者根本不認同戰爭，也明白家屬希望死者能被送回故鄉，至少也能妥當地下葬或火化。

以下就是目前的做法。近年在伊拉克、阿富汗遇害的美國軍人，幾乎所有遺骸都送到德拉瓦多佛空軍基地的多佛港殯儀館。這個殯儀館由空軍監管，是世上最大的殯儀館。他們的設備一天可以處理一百具屍體，冰櫃可以容納一千多人。這種驚人的容量就能處理瓊斯鎮的自殺事件[26]、貝魯特海軍陸戰隊總部爆炸案[27]、挑戰者號和哥倫比亞號太空梭災難[28]，以及五角大廈911遭客機撞擊事件。

大體抵達多佛港殯儀館時，首先會被送往爆炸品處理室，確定沒有任何隱藏炸彈。接著為了鑑識遺體身分，要通過全身 X 光、聯邦調查局指紋專家和 DNA 測試，比對官兵下部隊前留存的血液樣本。

殯葬人員的目標就是將大體整理到可供家屬瞻仰的程度。大概有八成五的家屬有機會瞻仰遺容，如果死者遇到路邊炸彈等暴力事件身亡，能重建的屍首恐怕

---

26 1978年發生在南美蓋亞那叢林深處瓊斯鎮的自殺案，死者多達908人，都是自殺的人民聖殿教信徒。

27 1983年，黎巴嫩貝魯特國際機場的美國海軍陸戰隊總部遭到反抗游擊隊汽車炸彈自殺式攻擊，導致241名官兵身亡。

28 1986年，挑戰者號太空梭升空後解體，造成七名機組人員喪命。2003年，哥倫比亞號太空梭返回地球時解體，七名太空人全數罹難。

極少。這些遺骸就會用紗布包好，密封在塑膠布裡，接著用白布捆裹，蓋上綠毯子，最後在毯子外別上整套的軍裝。家屬收到不完整的遺體，可以選擇往後是否還願意收到其他殘骸（如果日後能尋獲）。

遺體抵達多佛港，送還給家屬的程序非常儀式化、非常有條理，非常……軍事化。這個殯儀館有各種小隊和各式軍階的制服。褲子、外套，橫槓、旗幟、徽章、袖章等應有盡有。遺體送回家鄉時，都有一名士兵奉命護送。死者上機、下機，這名士兵便在旁敬禮（即使只是轉機也不馬虎）。此外，棺材上還會鋪著一張美國國旗，而且國旗有特定摺法。殯儀館的線上族群還會激烈爭論哪種國旗摺法不恰當。（正確方法：五芒星的藍色長方型要放在死者的左肩上。）

大體送到我的殯儀館時，我通常已經詳細瞭解死者資料：包含死法、生前從事的工作，甚至知道他們母親出嫁前的姓。因為一般殯儀館的館長可以提出死亡證書，也能整理遺體供人瞻仰，但是多佛港殯儀館不行。那裡的工作人員分成兩組，一組處理捐軀士兵的個人物品和身分資訊，另一組整理遺體，才不會有人太過熟悉某個死者。這種流程似乎很可悲，也非常機械化，但根據《星條旗》雜誌2010年的報導：「送往阿富汗或伊拉克的殯葬人員中，每五人裡就有一人返國之後出現戰後壓力症候群。」面對戰爭的創傷，也許就需要這種公事公辦的風格和分組處理的做法吧。

30

我可以和我的寵物倉鼠
埋葬在同一個墳墓嗎？

　　我懂，你很疼愛你的倉鼠，這是應該的，這隻倉鼠可能比你認識的人都有趣，也更能陪你聊天。我的意思是，人類糟透了。

　　想妥當安葬寵物倉鼠的人不只有你，有史以來，許多人都一心想要莊重地送走他們的寵物。1914年，德國波昂附近發現一萬四千多年前的墳墓，裡面埋著一男一女兩個人和兩隻狗。其中一隻狗是幼犬，而且還是感染犬瘟的重病小狗。證據顯示兩名死者照顧了牠一陣子，幼犬才過世。染上這種病毒的狗可能需要主人幫忙取暖、清理腹瀉和嘔吐物。我們不知道這兩隻狗為何和人類葬在一起，也許有什麼象徵性的意義，陪伴死者進入來生，也或許死者只是太疼愛牠們了。（難道，你願意清理你不愛的動物的腹瀉糞便嗎？）

大家都知道古埃及的木乃伊，但沒有太多人知道當地製作精細的動物木乃伊。埃及人會把貓、狗、鳥，甚至是鱷魚製成木乃伊。有些動物木乃伊可能是用來獻給神明或守護者，甚至作為來生的食物。但貓咪是深受疼愛的寵物，所以自然死亡後便陪伴主人下葬，一起進入永生。

在19世紀末，埃及中部的大型萬人塚挖出20多萬具動物木乃伊（多數是貓咪）。某個英國教授記載：「隔壁村莊的埃及人……在沙漠上挖了一個洞，結果挖到──貓咪！不是一隻或兩隻，而是幾十隻，幾百隻，幾萬隻，一整層的貓。這一層貓屍比多數煤夾層還要厚，大概有十到二十層貓咪。這些木乃伊一隻疊著一隻，就像桶子裡的沙丁魚。」貓咪木乃伊往往經過精心圖繪、裝飾，甚至還裝在空心銅棺中下葬。

在現代，如果想依偎著貓先生入土為安，妳就是神經病貓奴凱特琳。這種看法真是大錯特錯！人類和寵物共葬由來已久，你和你心愛的倉鼠也應該得到同等待遇。

假設你過世了，你的家人來我的殯儀館商量葬禮事宜。他們說：「他好愛那隻鼠尼拔！可以把倉鼠也放進他的棺材裡嗎？」呃，首先我想問的是：「鼠尼拔也死了嗎？」如果沒有，我就得仔細考慮。我這人不喜歡自我設限，但我也不太能接受讓寵物陪葬，讓牠們安樂死。自古以來，就有許多動物為了陪葬被犧牲，這在21世紀可不道德。除非你的倉鼠已經過世、被做成標本、只剩下骨頭或骨灰，或為了這一天而存放在冰櫃。

但是就技術上而言，根據加州法律，我不能把鼠尼拔放到你的口袋，即使牠只是一小袋火化骨灰也不行。我不可以在人類墓園「埋葬」動物。你問我會不顧一切按客人需求照辦嗎？呃，我不予置評（你的西裝口袋可能會露出一隻腳掌）。

不過，美國其他州對人類、寵物共葬有更先進的看法。紐約州、馬里蘭州、內布拉斯加州、新墨西哥州、賓州、維吉尼亞州就是絕佳的例子。這些州允許你的倉鼠（無論是全屍或骨灰）和你，也就是牠的主人，

DO NOT TOUCH

MUMMY of Cat

一起合葬。英國的人類、動物「聯合墓園」則允許你葬在鼠尼拔附近，最近十年，有些墓園甚至開始同意鼠尼拔直接葬在你的墳墓。

多數州，就連加州，以往對動物下葬地點的規定一直都很寬鬆。若是到美國歷史悠久的墓園走走，你會在紐約的桑雷克聯合墓園看到內戰時期的馬匹「莫斯科」的墳墓，或在好萊塢山莊的森林草地紀念公園看到狗狗演員希金斯，也就是班吉一世的長眠之處。

想要，不對，應該說要求和寵物共葬的人不單只有你。有個「全家墓園運動」主張一家人（爸爸、媽媽、倉鼠、綠鬣蜥）都該葬在同一個地方，而且得到越來越多人的支持。可惜在許多地方，人類和寵物合葬依舊不合法。這些法律認為，在人類墓園埋葬動物是大不敬，應該只能埋葬人類，因為動物屍骨的存在會貶低人類的葬禮習俗。

我懂。基於某些宗教、文化因素，有人可能不想和別人的狗狗或小豬葬在一起。況且許多大城的墓園都已經供不應求，人們自然會擔心角落的絕佳墓地竟然葬著大丹犬「抱抱」。

我完全贊成死後也可以有選擇的想法。如果你不想和任何動物共葬，就應該如你所願；如果你想和寵物一起入土，也應該如你所願。其實有許多墓園都可以合法讓動物與人合葬，所以你和你的毛茸茸朋友確實可以葬在一起，死後手牽著手在天堂的大滾輪上奔跑。無論當地法令如何制定，也絕對有殯儀館願意偷偷把你寵物的骨灰放進棺材。

　　當然不是我囉，好了，下一個問題。

31

我被埋葬在棺材裡後，
頭髮還會繼續變長嗎？

　　電視節目主持人強尼‧卡森（Johnny Carson）曾開玩笑說：「就算死了三天，頭髮和指甲都長長了，電話也只會越來越少。」強尼，你這個渾球！你可以從我屍僵的冰冷雙手中硬扯掉我的智慧型手機了，多謝喔。我們就看看會不會接到地府來的電話。

　　在墳裡長頭髮、指甲又是怎麼回事？如果我們在你過世30年後把你挖出來，會看到乾枯的白骨上覆蓋著閃閃發亮的秀髮和長達198公分[29]的指甲？

這個畫面好可怕，真希望我可以告訴你確有其事。唉，可惜這只是另一個死亡傳說，而且自古以來流傳至今。在西元前四世紀，亞里斯多德寫下：「死後毛髮還會繼續變長。」但他也澄清，是原本就有的毛髮才會繼續生長，好比鬍子。如果你是禿頭的老翁，死後也不會突然長出頭髮。

這個傳說流傳了兩千多年，直到20世紀，還有著名醫學期刊報導「華盛頓特區挖出一具十三歲女童屍體，頭髮長及雙足」，或「有醫生說棺材縫冒出頭髮，而且都竄到蓋子外了」。土壤中冒出藤蔓般的長髮，聽起來很酷，卻不可能發生。

我不會將這種傳說單純歸咎於書本、醫學期刊或電影。這種傳說之所以存在，是因為毛髮和指甲看起來的確像是會在死後繼續生長。不過人們一旦親眼看到，就會相信眼前的科學事實。如果你所見不如你所想呢？請聽我娓娓道來。

---

29 作者註：世界紀錄是六呎半。（譯者註：目前最新單手指甲紀錄則是七呎二吋多。）

人還活著時，指甲每天會生長0.1公分。「太好了，我又有指甲可以咬了！」我噁心的那一面這麼想著。（小朋友，請不要咬指甲。）而頭髮大概每天會長0.5公分。

但是你得活著，頭髮和指甲才會繼續長。因為身體必須產出葡萄糖，才能製造新細胞。新細胞會把舊細胞往前推，指甲就長長了，原理像擠牙膏。毛髮也一樣，根部的毛囊長出新細胞，才會把你臉上和頭上的毛髮往外推。但是製造葡萄糖繼而生產新細胞的過程在你死後就會停止，所以死後不會長指甲，一頭光亮的秀髮也不會再長長。

既然如此，為什麼你的頭髮和指甲看起來變長了？答案與你的頭髮無關，而是和最大的器官有關，也就是皮膚。死後皮膚會脫水，原本豐潤的皮膚會萎縮。如果你看過水蜜桃放了一週的縮時影片，死後的皮膚就是那樣的狀況。

雙手皮膚在死後脫水，甲床會後退，露出更多指甲，讓指甲看起來就像變長了一樣，卻不是因為它長長了，而是皮膚萎縮後露出原本就存在的指甲。頭髮也是相同原理。死者的頭髮看起來變長，不是因為頭髮有生長，而是他的臉部變乾，露出更多髮根。簡而言之，毛髮或指甲並沒變長，只是周遭的皮膚脫水、萎縮。兩千多年來的傳說就此破解。

最後告訴大家一個趣味小常識：為了預防雙手和臉孔脫水，有時殯儀館會在死者臉上塗乳液，做點美甲，好讓家屬瞻仰遺容。每個人都值得在死後來一堂美體療程。

32

我可以用火化後的人骨
做首飾嗎？

多數人想到火化，腦中的畫面就是殯葬人員將甕子遞給家屬，甕子裡裝著灰色沙狀物。這些骨灰，或火化後的骨骸，可以放回衣櫃裡（可悲的是這種情形遠比你想像的更常見），或撒入海中，雖然骨灰也可能因為逆風吹得你灰頭土臉，就像《謀殺綠腳趾》（The Big Lebowski）[30] 的那幕。這些骨灰原來是老爸，但究竟是老爸的哪個部分呢？小朋友，說得清楚一點，骨灰就是把老爸的骨頭磨成粉（這時要配上重金屬樂的吉他反覆伴奏）。

如果你已經讀到這裡，可能早就知道這一點。但你大概不知道，骨灰不是離開火化爐後就變成一袋糖粉。在火化的高溫過程中，老爸的軟組織、有機質都會融化，從煙囪中蒸發，就像倒車的聖誕老人。火化爐工作人員取出的就是爸爸的無機質，也就是大塊的骨頭如股骨、頭顱碎片、肋骨。

不同國家將火化後的骨頭處理方法分為兩種。第一是什麼也不做，把大塊骨頭直接放在大甕子裡還給家屬。我很欣賞日本撿骨（kotsuage）的殯葬儀式，家屬會謹慎處理火化後的骨骸。

日本的火葬率最高。死者火化之後，骨頭會先擱置直到冷卻，然後排放在家屬面前。他們再用長筷子從骨灰裡夾起腳的部位，放入甕子裡。家屬會從腳往上撿到頭部，因為他們不希望死者永生只能倒栽蔥。

有時大一點的骨頭如股骨甚至需要兩個人同時夾，家屬需要用筷子將骨頭傳到另一人的筷子上。只有這

---

30 *The Big Lebowski*，1998年的美國喜劇片，其中一幕就是主角在逆風中被吹得滿臉都是骨灰。

時候需要用筷子傳接，才不會失禮。如果在公共場合這麼做，就等於把葬禮習俗帶到餐桌上，好比上餐廳吃豬肋排的時候。超級沒禮貌啊。

相較於撿骨習俗的斯文態度，另一種火化之後的處理方法就比較粗暴。在西方國家，骨頭要由骨灰研磨機磨成粉。再把骨頭放入金屬鍋，鍋裡有銳利的刀刃快速轉動，好了，這下就有骨灰了。

如果你的國家一般會磨碎骨頭，可以要求不磨嗎？美國的殯葬法規定，火化場一定要把骨頭磨成「無法識別」的大小，相關單位似乎很擔憂死者家屬認出爺爺的臀骨。不過，有幾間火葬場曾經因為宗教或文化因素，將未磨碎的骨頭還給死者家屬。（像是有人要求「請不要把我爸丟進骨灰研磨機，謝謝」。）所以問問總是無妨。

接著來處理棘手的問題：你說的首飾。想必你要拿骨頭當首飾，是為了紀念爸爸，不是心懷怨恨，想毀了他。那麼問題來了，如果你要用令尊火化後的骨頭做首飾，最後可能真的會**毀了**那些骨頭。

磷酸鈣結合膠原蛋白形成了骨頭，這些骨頭非常堅固，用來製作首飾絕對沒問題（事實上有些人喜歡用動物骨頭做成手鐲），但是那些骨頭是經過腐化、日曬、肉食甲蟲等清理過程，並未經過火化。

進過一千七百度高溫火化爐的骨頭沒那麼堅韌，那種高溫不只會導致組織和較小的骨頭徹底分解，也會破壞較大骨頭的強度和完整性。

因為火化之後的骨頭已經完全脫水，體積縮小，外層和內部的微結構都遭到永久性的損毀。火化爐的溫度越高（屍體越大，溫度越高），骨頭受到的破壞程度越大。

火化之後取出的骨頭會碎裂、變得酥脆，甚至變形。脆到工作人員用手一壓就碎，想想放太久的餅乾吧。雖然這些骨頭的外型還能辨識，表層可能有脫落，邊緣缺角，但假設你想串成項鍊，這些骨頭可能會因此斷裂。

要是你真想把家屬的白骨做成首飾，可以考慮用骨灰當材料。目前市面有**幾千種**骨灰首飾，例如放入小瓶子，做成玻璃墜飾；只要把骨灰寄給信譽良好的業者，短短幾週內就能收到一條骨灰項鍊、戒指等各式各樣的首飾。只要想得到，都能做成配飾。

抱歉讓你失望了，你無法戴著人骨首飾。不過，你要慶幸自己沒住在德國！底下這個故事出自殯葬業朋友諾拉·曼金（Nora Menkin），有一家人找她幫忙，那家的爸爸去德國度假時過世。取回骨灰的過程漫長、複雜，因為常常要動用 Google 的翻譯功能（顯然德文的「罈」和「票箱」兩個詞非常相近），而且德國對於處理骨灰者的身分有嚴格的規定。基本上，**只有殯葬業者有資格。**

家屬不但沒辦法帶回老爸的骨灰，唯有殯葬業者才有權力把骨灰移到另一個甕子，只有他們有資格把骨灰送到墓園埋葬。也休想做成首飾，更別幻想拿爺爺的股骨當作項鍊。

親愛的讀者，顯然你不怕骨灰（日本人也不怕）。如果這些骨頭對你有重要意義，請研究當地的法律，或儘管開口問問殯葬業者和火化場工作人員，但別妄想拿爸爸的肋骨當漂亮的髮夾。

33

木乃伊裹上麻布時會臭嗎？

埃及的第一批木乃伊，純粹是意外所致。下埃及[31]
（大多數金字塔都在這裡）的降雨量極少，乾燥、強
烈日照加上沙漠環境，就是乾屍化的絕佳要件。直到
四千六百年前，也就是西元前兩千六百年，古埃及人
才決定要特地將死者製成木乃伊。

最著名的木乃伊約來自三千三百多年前，圖坦卡
門[32]也是其一。我們都聽過這位充滿魅力的法老王木
乃伊，他蜷曲粗糙的遺體就裹在亞麻布內，放入黃金
打造的人形棺，而陵墓固若金湯，任何人膽敢闖入就

得要小心可怕的法老王詛咒。（詛咒是我開玩笑的，不過說真的，小朋友們不要褻瀆墳墓喔。）

世界上幾乎所有人（約莫一萬億人）都已經腐化或被火葬，成為分子、原子，消失在歷史的洪流中。這些木乃伊之所以吸引人，不光是因為他們還存在，而且遺體經過妥善保存，我們可以藉此得知古埃及人如何生活、知道他們喪命的原因，甚至推論出他們的長相及飲食習慣。木乃伊就像古文化的時空膠囊。

好，不要滔滔不絕聊木乃伊了，太像書呆子了。言歸正傳：他們被裹起來時很臭嗎？答案是肯定的，因為他們死後就開始發臭。但是，當有幾百碼麻布纏到他們身上時，就不會這麼臭了。古代的防腐處理過程沒那麼快，並非圖坦卡門一過世就能用麻布包一包，然後放進陵墓，大功告成。製作木乃伊的過程可能要花費好幾個月。

聽好囉，我來示範怎麼製作木乃伊

第一步，就是移除屍體的內臟，這個階段的工作的確不好聞。有時，我的工作得取出器官，在驗屍之後修復大體。如果死者已經過世一週以上，器官腐化、體內累積了氣體，切開腹部的確不會是愉快的經驗，會聞到一股甜膩的腐臭。我猜古代屍體防腐人員在死者過世幾天後也會聞到類似氣味，當時他們得取出肝臟、胃部、肺臟，放進名為卡諾卜罈（罐子的蓋子上有動物或人類首級的模樣）的容器內，日後再與屍體一起下葬。

你可能也知道製作木乃伊時要移除的另一個器官就是腦漿，有時的確會有這道工序。古代的喪葬人員使用鉤子從鼻孔伸進去，或從後腦勺底下的小洞鑽入。2008年，研究人員用電腦斷層掃瞄兩千四百多年前的女性木乃伊，發現遺體腦子後方還留著一根取腦的工具（希望那位工匠得到負評）。其他木乃伊的腦髓都還在，從鼻孔取出腦子的過程一定很困難，但不是每個死者都得經過這個步驟。

屍體的內臟被取出之後要進行乾燥處理。未來的木乃伊體內（現在還沒放入內臟）、身上都被塗滿了泡

---

31 Lower Egypt，埃及的最北端。以尼羅河為界，分為上游南方地區為上埃及，下游北方地區為下埃及。

32 Tutankhamen，古埃及第18王朝（約西元前1550-1295年）的法老王之一。九歲登基，在位九年就過世。

鹼（natron），埃及人會從乾涸的湖床採集這種礦物鹽的混合物。泡鹼中的碳酸鈉和碳酸氫鈉會在30-70天內吸收水分，幫助屍體脫水。所有溶解死屍的酵素都需要水分，讓屍體像牛肉乾般脫水，就能預防酵素進行邪惡的腐化工作。

沒經過處理，任其腐化的普通屍體在炎熱的埃及放上70天，早就發出恐怖惡臭了。雖然防腐工匠取出內臟，又塗上礦物鹽，屍體大概也不好聞，但絕對強過自然腐化的屍體。

防腐工匠從泡鹼中取出屍體，在體腔內塞滿木屑、亞麻和芬芳的肉桂、乳香。乾燥的屍體有時甚至聞起來……還不錯？就像聖誕節的香氛蠟燭或有南瓜香的木乃伊。

現在木乃伊可以裹布了。這個步驟必須細心地抹上各種油和針葉植物樹脂（也有助於除臭）。屍體的手指、腳趾分別被裹上一層又一層的亞麻布，再反覆纏到腳與手上。別忘了，這種防腐處理具有宗教意義。古埃及人認為靈魂分成好幾個部分，又分別住在身體的不同部位。如果軀殼沒被做成木乃伊保存下來，靈魂要回到哪裡？但是屍體經過這些繁複處理，有人念禱，又有陵墓可葬，多半都是花得起的人（咳，就是有錢人啦）。

等到屍體要纏上亞麻布的時候，死者多半已經過世一個多月，內臟都被取出，經過乾燥處理，也填入香料，所以針對你的問題，味道可能沒那麼糟糕。不受氣味干擾的埃及工匠接著進行下一步驟，將木乃伊放進人形棺，保存千百年。你問的是木乃伊纏上麻布時臭不臭，在21世紀解開麻布時，木乃伊臭嗎？木乃伊的臭味會保留這麼多年嗎？

好消息是，近年來已經少有人解開木乃伊的麻布。19世紀的歐洲熱衷於埃及文化，英國人會辦木乃伊拆封派對，生意人會販售門票，招攬客人上門看木乃伊的麻布被解開（這個過程會損毀木乃伊）。當時，有許多埃及墳墓遭到洗劫，木乃伊被挖出，甚至被當成畫家的棕色顏料或用來作藥材，像是：「吃兩顆木乃伊，看身體有沒有好一點，明天早上再找我。」

如今，科學家不必透過直接觀察或解剖，而是改用電腦斷層掃瞄等更先進的技術，就算無法得到更多資訊，也能進行研究，又不必損毀三千年之久的脆弱木乃伊。至於拆開木乃伊麻布的氣味如何？有人比喻成舊書、皮革或者乾乳酪。聽起來似乎也沒那麼糟。所以，不要責怪這些古老的朋友們發臭，腐化一週的新鮮屍體才該留意。

34

幫奶奶守靈時，
發現她的上衣底下有保鮮膜，
為什麼？

　　奶奶可能有點漏水。這不能怪奶奶，我相信她生前一定愛乾淨又注重整潔。但是人體內充滿了液體，這些液體在我們死後難以控制。殯葬業稱呼這種事情有特定的名詞，叫「滲漏」。

　　殯葬業者痛恨滲漏。滲漏是他們的惡夢，我們會盡其所能阻止體液突然出現。但是人們過世之後，有些人就是比較容易滲水。假設你家想斥資舉辦守靈，奶奶教會的朋友、橫跨三個國家的親屬都飛來瞻仰她的遺容。奶奶已經過防腐處理，躺在淺紫色縐紗的棺材內，穿著她最愛的蜜桃色絲綢洋裝。在這種狀況之下，奶奶身上絕對不能有任何滲漏。

殯葬業者有什麼方法防止滲漏呢？第一，先找出源頭。我不想說得太粗鄙，但是奶奶可能漏水的地方就是她原本就有的洞，像是嘴巴、鼻孔、陰道和直腸。通常先滲漏的是身體本來就該排出的液體和黏稠物：尿液、糞便、唾液、痰⋯⋯名單還能不斷加長。如果殯葬業者擔心大體突然漏糞（最可怕的意外），就會在奶奶的胯下加穿尿布與吸水棉墊。奶奶胃部腐敗之後會產生「屍水」（purge），這種類似咖啡渣的噁心液體有時會從口、鼻流出。遺體供人瞻仰之前，殯葬業者會先用小抽風機吸奶奶的鼻腔和口腔，並且塞進棉花或紗布堵住。

等等，剛剛說的沒用到保鮮膜啊！

這是典型的滲漏問題，但你的疑問是：奶奶的衣服底下為何有保鮮膜？殯葬業者會這麼做，可能有幾個原因。這不是為了保鮮，奶奶不是雜貨店真空包裝的蔬菜。奶奶是否在醫院住了很久，或病了很久？如果是，她被送到殯儀館時，胳膊和雙腿可能有手術切口、點滴針孔的開放性創傷，或因為生病、肌膚老化所致的慢性傷口。手術切口或傷口在你這種年輕人身上可以迅速癒合，重病患者或老年人則不然。而且不要忘了，死後傷口不會結痂，也不會癒合，傷口在你死後就是一個洞。也許是殯葬業者用膠水或粉末讓傷口乾燥，再用保鮮膜包裹，以防滲漏。

另外，還有幾種傷病會導致奶奶滲漏。如果她有糖尿病或體重過重，血液循環可能不太好，尤其是下肢，而血液循環差就會導致水泡或皮膚問題，浮腫（edema）就更糟了（對殯葬業者而言）。浮腫不是常見詞彙，卻會讓殯葬業者聽了膽戰心驚，表示水分堆積在皮膚底下，身體會異常腫脹。浮腫的原因很多，也許奶奶罹患癌症，要接受化療或服用其他藥物，也許奶奶的肝或腎衰竭，又或者她有感染的現象。無論浮腫的理由是什麼，殯葬業者必須謹慎處理遺體超薄、腫脹又滲水的皮膚。事實上，浮腫會導致她的體液增加一成（這可是好幾加侖的液體），對人體而言，那是相當大量的額外乘載。

殯葬業者若擔心液體滲漏，有時會預先幫大體從頭到腳穿上透明塑膠連身裝，看起來就像成人版的連身衣。如果大體只有一個部位出現滲漏，殯儀館也可以分開購買，只買塑膠外套、塑膠七分褲或合成材質的靴子。業者在透明塑膠衣外再套上死者的壽衣。殯儀館用品供應商的屍體連身衣廣告都非常有趣，「不會裂、不脫皮，不折損！」、「業界第一！」

也許你看到的就是那種塑膠連身衣。但是許多業者都用傳統的保鮮膜，也就是你用來包剩菜的家用品。沒壞就不必修。有些非常緊張（或謹慎）的同業會採用真空包裝，用吹風機加熱封死，再穿上透明塑膠連身裝。

然而，有件事值得三思（我和同事就常想到此事），我們為何那麼害怕大體滲漏？我們想控制屍體的狀態，但其實你無法阻止新生兒哭泣，當然也無法阻止屍體發生難免的現象。當我的殯儀館在整理大體時，通常採用比較自然的作法，不用化學物質防腐，也不在大體身上用化學粉末。如果要舉行「綠色殯葬」，我們就算想用化合物也不能，死者下葬時只能穿著未經漂白的棉布衣。

如果你的奶奶選擇我們的殯儀館，我們不會用保鮮膜，只能和你們老實交代瞻仰遺容時會看到的狀況，也許是奶奶的傷口或滲水的皮膚。其實這些年來，殯儀館會使用塑膠布或保鮮膜是擔心客訴。家屬提出告訴，是認為殯葬業者沒善盡「保護」大體的責任，導致昂貴靈柩的蛋白色襯布或奶奶的蜜桃色洋裝出現汙漬。

喪葬人員不是魔術師，無論動用多少保鮮膜，大體永遠不可能百分之百不出狀況。殯儀館分很多種，對於「好」屍體的看法也不一樣。對我而言，自然就是好。但如果你的家人請了所有教友、親人過來守夜，也許想控制狀況，仔細包好奶奶，這就由家屬自行決定囉。

關於死亡的快問快答！

在幫《死後，貓會吃掉我的眼睛嗎？》選問題時，上千個精采絕倫的選擇多到令人不安。有些問題很酷，只是因為答案無法紮紮實實地寫上好幾頁，所以未能雀屏中選（出版社堅持一章的長度一定要超過一段）。

所以，為了公平對待那些問題，我準備了「快問快答單元」。

穿偌大的神龍道具服下葬是不是不環保？

那要看你的道具服材質而定！「綠色」或「天然」墓園埋葬的死者只能身著有機纖維壽衣，如未經漂白處理的棉布。那件引人矚目又閃閃發亮的尼龍連身衣？抱歉，不行喔。我在網路上看到的人造材質或拉絨製的神龍戲服商品也在此列。（這筆搜尋倒是相當有意思！）也許你巧手精工，用天然布料做道具服。了不起啊，你這具穿著麻布衣的神龍屍體，看看你！但是你若對噴火這麼有興趣，也許可以考慮火葬喔。

蜂蜜能不能預防屍體腐爛？

沒錯！蜂蜜本身不會餿掉，所以是長期防腐的絕佳材料。因為蜂蜜有高濃度的糖分，可以預防細菌腐蝕屍體。水氣會使蜂蜜變質，但蜂蜜含有葡萄糖氧化酶，可以將葡萄糖和多餘的水分催化成過氧化氫，因而達到殺菌的效用。甲醛閃邊站，新防腐材質來囉！從古埃及到現代緬甸，人類都有用蜂蜜防腐的紀錄。據說亞歷山大大帝的屍體就用蜂蜜當防腐劑，只是他的墓園地點始終是考古學的未解之謎。所以蜂蜜是能用來防腐的，但不知為何，人類不流行把屍體泡進蜂蜜裡防腐，捍衛蜂蜜的人士應該盡快處理。

火葬進行到一半時，如果機器故障怎麼辦？

不知道，而且我希望不會碰上這個問題。

屍體腐爛時，哪種食腐昆蟲最特別？

肉食甲蟲最引人矚目，但造訪屍體的還有其他甲蟲，包括糞金龜、閻魔蟲和埋葬蟲。最近我對蛛甲（Ptinus）很有興趣，這種蟲子在屍體腐化到只剩白骨的時候才會出現。就時間軸而言，蛛甲可能在動物死後多年才姍姍來遲，這時通常只剩下前一批食腐昆蟲留下的垃圾（糞便、蛹殼和更多的糞便）。這些薄薄散布在白骨上的排泄物就是蛛甲的目標：「喔耶，我當然要參加白骨便便吃到飽。」只能說「蟲」各有所好啊。

如果被丟在沙漠上，烈日會讓你乾枯嗎？

如果屍體沒下葬，曝屍沙漠，很快就會乾枯、脫水。沙子就像乾燥劑，會吸乾水份，作用如同貓砂或白米（手機不慎掉入馬桶，不是要在米裡放上一夜嗎？現在你就是那支手機）。屍體身上的衣物也會吸收屍體水分，加速脫水的過程。在屍體尚未完全脫水時，蟲子、蒼蠅會開心地大啖肌肉和軟組織，否則等到全身乾枯變硬，蟲子也咬不動了。最後屍體只剩白骨和脆化的組織，質地類似羊皮紙。此時骨骸已經成為木乃伊，可能呈現鮮橘色或紅色（而不是正常屍體的灰褐色）。如果原封未動，理論上而言，這種沙漠木乃伊可以保存許多年。

有請專家：
我的孩子正常嗎？

　　我專精屍體，不代表我專精兒童對死亡的恐懼和焦慮。出版這本書之前，我的確憂心醫界人士說：「慢著，為什麼這個殯葬業的路人甲可以對小孩聊死亡的事情？她會灌輸恐懼的情緒給他們。」

　　幸好他們沒有這種反應，至少現在還沒有。醫界的共識是對孩子誠實、具體地與孩子討論死亡，反而可以幫助他們克服這方面的恐懼。我拿草稿請教過西雅圖兒童暨青少年精神科醫生朋友艾莉西亞・尤根森（Alicia Jorgenson），確定我對姐的熱情不會荼毒兒童。

如果還有家長困惑：「我家小馬克迷戀死亡……正常嗎？！」以下是我與專家的對談內容。

妳常在診間碰到害怕或擔憂死亡的孩子嗎？

　　艾：很少有小朋友直接告訴我：「我害怕死亡。」他們比較容易害怕自己與父母的健康出問題，像是因為細菌、傳染病這類。

所以就小朋友而言，
對死亡的恐懼經常以擔憂健康的態度呈現？

　　艾：沒錯，憂慮健康問題就是對死亡感到焦慮常見的展現方式。有意思的是，有些孩子嘴上不說擔心健康問題，但他們焦慮的第一個症狀就是胃痛或頭痛。尤其是聽過「有人在睡夢中與世長辭」之後，孩子便會擔心自己睡著的話怎麼辦。

還有哪些常見的恐懼其實與害怕死亡有關？

　　艾：小朋友聽不懂死亡的委婉說法，例如「逝世」或「失去親人」。如果在其他場合聽到這種詞彙，他們就會覺得困惑，例如有兄弟姊妹在雜貨店「迷路」（失去與迷路英文都是 lost），甚至聽到有人「死在醫院」，他們會因此害怕上醫院，以為去了必死無疑。從兒童成長的角度而言，三到五歲的幼童通常不了解死亡的抽象概念，覺得只是暫時性或可逆轉的，一如卡通情節。即使較年長的兒童也不太擅長邏輯推理，多半會以聯想的方式了解這個世界。大部分的專家認為，九歲的兒童（差距頂多只有一年）才會理解死亡是無可改變、不可逆轉的。所以家長或成人最好慎選用詞，直接用「死」描述事實，並且詳細具體說明。

哪種具體詞彙有幫助呢？

艾：用簡單的詞彙坦承、直接說明。我建議用「過世」、「死者」、「快死了」，並且清楚解釋這些字彙。人死了之後，身體功能便停止運作，不會動，也沒有感覺了，死者不會復活。小朋友可能難以理解，但是你可以坦率地說：「雖然爺爺過世了，但爺爺的回憶會永遠留在我們心裡。」

如果孩子對死亡感到焦慮，是正常的嗎？

艾：當然！我們承受壓力或面對未知事物時，焦慮是正常的情緒。兒童面對死訊時，自然也會有這種心情。家長可能會擔心自己該如何對孩子解釋死亡，這也很正常。解釋之前最好先思考一下。此外，請家長切記，自己對死亡的想法和反應都會成為孩子的學習對象。

對小孩來說，心心念念惦記死亡是不是太沉重？

艾：當然。這樣的焦慮程度已經超過正常情緒範圍。例如孩子太過擔心某件事情，以致改變行為，避開感到焦慮的事物，進而影響他們的生活能力（不肯上學或不肯離開父母身邊）。就定義而言，焦慮症是因為對某件事情的發生有著不真實的恐懼。也許是天天擔心父母過世，即使他們健康無虞；有時可能是因為他們身邊發生了糟糕的事（例如有人過世）；有時卻毫無緣由。焦慮的孩子往往有焦慮的父母，因此，這種病症有先天遺傳和後天環境的因素。幸好兒童或青少年焦慮症都有合宜的治療方法，通常從心理諮商開始，有時再輔以藥物。

小時候我常擔心爸媽會死掉！

艾：凱特琳，妳未免太常想到死亡了。這時候可以說：「沒有人可以保證自己不會死，但是我們可以保持健康，練習好好照顧自己，以後就還有好多日子可以相處。」

不過最重要的是，如果你愛的人生病、瀕臨死亡或過世，感到焦慮或悲傷並無不妥。

大人適合在小孩面前表現出悲傷或哀悼之情嗎？

艾：大人面對死亡各有不同的哀悼方法，但我的確認為表現出哀傷情緒有幫助。大人明明心裡有事，小朋友卻從他們的情緒或肢體語言接收到「一切安好」的訊息，反而會因此感到困惑。大人可以在孩子面前哭泣，或者解釋悲傷的原因，即使說「我不知道」也沒關係。

兒童失去親友的傷心方式也與大人一樣嗎？

艾：不太一樣，小朋友可能無法像大人一樣，清楚說出自己的哀傷之情。一般而言，經歷各種形式的失去之後，哀悼都是正常且複雜的情緒。例如失去心愛的動物娃娃或搬新家，可能是小朋友第一次感受到哀悼的情緒。寵物過世也是孩子初次面對死亡的常見例子。通常孩子與過世的人或動物越親近，悲傷的情緒越強烈。對孩子或成人都一樣，哀悼的方法沒有所謂的對錯之分。

孩子聽到死訊會有哪些可預期的情緒或行為？

艾：你要有心裡準備會看到各種情緒反應，包括大哭大鬧、哀傷和焦慮。不過，若是孩子表現得一如往常也並不奇怪，雖然家長可能會有些困惑。我建議父母可以詢問孩子的心情，但不要把自己的情緒或哀戚投射到孩子身上。我常告訴痛失親人的家庭，維持日常生活習慣可以讓孩子感到安心，像是依同樣時間起床，如常吃三餐、嬉戲、上學。喪葬儀式對孩子（或大人）也有幫助，如果小朋友要參加葬禮，家長或大人必須告訴孩子當天會發生哪些事情，讓他們有心理準備，例如：「奶奶過世之後的樣子和活著的時候不一樣。」如果孩子明顯不肯參加喪禮，我不會逼他們。分享死者生前的點點滴滴也是不錯的方法，可以問問孩子記得亡者哪些事情。

資料來源

01 當我死後，我家的貓會吃掉我的眼睛嗎？

Raasch, Chuck. "Cats kill up to 3.7B birds annually." *USA Today*, updated January 30, 2013. https://www.usatoday.com/story/news/nation/2013/01/29/cats-wild-birds-mammals-study/1873871/.

Umer, Natasha, and Will Varner. "Horrifying Stories Of Animals Eating Their Owners." *Buzzfeed*, January 8, 2015. https://www.buzzfeed.com/natashaumer/cats-eat-your-face-after-you-die?utm_term=.clnqjk9DM#.deQmAwq6K.

Livesey, Jon. " 'Survivalist' chihuahua ate owner to stay alive after spending days with dead body before it was found." *Mirror*, October 30, 2017. https://www .mirror.co.uk/news/world-news/survivalist-chihuahua-ate-owner-stay-11434424.

Ropohi, D., R. Scheithauer, and S. Pollak. "Postmortem injuries inflicted by domestic golden hamster: morphological aspects and evidence by DNA typing." *Forensic Science International*, March 31, 1995. https://www.ncbi.nlm.nih.gov/pubmed/7750871.

Steadman, D. W., and H. Worne. "Canine scavenging of human remains in an indoor setting." *Forensic Science International*, November 15, 2007. https://www.ncbi.nlm.nih.gov/pubmed/?term=Canine+scavenging+of+human+remains+in+an+indoor+setting.

Hernandez-Carrasco, Monica, Julian M. A. Pisani, Fabiana Scarso-Giaconi, and Gabriel M. Fonseca. "Indoor postmortem mutilation by dogs: Confusion, contradictions, and needs from the perspective of the forensic veterinarian medicine." *Journal of Veterinary Behavior* 15 (September–October 2016): 56–60. https://www.sciencedirect.com/science/article/pii/S1558787816301447.

02 太空人的屍體在外太空會發生什麼狀況？

Stirone, Sharon. "What happens to your body when you die in space?" *Popular Science*, January 20, 2017. https://www.popsci.com/what-happens-to-your-body-when-you-die-in-space.

Order of the Good Death. "The final frontier . . . for your dead body." http://www.orderofthegooddeath.com/the-final-frontier-for-you-dead-body.

Herkewitz, William. "Could a Corpse Seed Life on Another Planet?" *Discover*, October 25, 2016. http://blogs.discovermagazine.com/crux/2016/10/25/could-a-corpse-seed-life-on-another-planet/#.WoNe0raZPEb.

crazypulsar. "Vacuum & Hypoxia: What Happens If You Are Exposed to the Vacuum of Space?" *Indivisible System*, November 7, 2012. https://indivisiblesystem.wordpress.com/2012/11/07/what-happens-if-you-are-exposed-to-the-vacuum-of-space/.

Czarnik, Tamarack R. "Ebullism at 1 Million Feet: Surviving Rapid/Explosive Decompression." Available at http://www.geoffreylandis.com.

03 父母過世之後，我能不能留下他們的頭骨？

Zigarovich, Jolene. "Preserved Remains: Embalming Practices in Eighteenth-Century England." *Eighteenth- Century Life* 33, no. 3 (October 1, 2009). https://doi.org/10.1215/00982601-2009-004.

Carney, Scott. "Inside India's Underground Trade in Human Remains." *Wired,* November 27, 2007. https://www.wired.com/2007/11/ff-bones/.

Halling, Christine L., and Ryan M. Seidemann. "They Sell Skulls Online?!: A Review of Internet Sales of Human Skulls on eBay and the Laws in Place to Restrict Sales." *Journal of Forensic Sciences* 61, no. 5 (September 1, 2016). https://www.ncbi.nlm.nih.gov/pubmed/27373546.

McAllister, Jamie. "4 Things to Do With Your Skeleton After You Die." *Health Journal,* October 5, 2016. http://www.thehealthjournals.com/4-things-skeleton-die/.

Inglis-Arkell, Esther. "So you want to hang your skeleton in public? Here's how." *io9,* June 6, 2012. https://io9.gizmodo.com/5916310/so-you-want-to-donate-your-skeleton-to-a-friend.

"Can bones be willed to a family member after death?" Law Stack Exchange, edited December 26, 2016. https://law.stackexchange.com/questions/16007/can-bones-be-willed-to-a-family-member-after-death.

Hugo, Kristin. "Human Skulls Are Being Sold Online, But Is It Legal?" *National Geographic,* August 23, 2016. https://news.nationalgeographic.com/2016/08/human-skulls-sale-legal-ebay-forensics-science/.

OddArticulations. "Is owning a human skull legal?" January 6, 2018. http://www.oddarticulations.com/is-owning-a-human-skull-legal/.

The Bone Room. "Real Human Skulls." https://www.boneroom.com/store/c45/Human_Skulls.html.

Evans, Murray. "It's a gruesome job to clean skulls, but somebody has to do it." October 30, 2006. https://www.seattlepi.com/business/article/It-s-a-gruesome-job-to-clean-skulls-but-somebody-1218504.php.

Marsh, Tanya. "Internet Sales of Human Remains Persist Despite Questionable Legality." *Death Care Studies,* August 16, 2016. https://www.deathcarestudies.com/2016/08/internet-sales-of-human-remains-persist-despite-questionable-legality/.

"Sale of Organs and Related Statutes." https://www.state.gov/documents/organization/135994.pdf.

Vergano, Dan. "eBay Just Nixxed Its Human Skull Market." *Buzzfeed,* July 12, 2016. https://www.buzzfeednews.com/article/danvergano/skull-sales.

Shiffman, John, and Brian Grow. "Body donation: Frequently asked questions." Reuters, October 24, 2017. https://www.reuters.com/investigates/special-report/usa-bodies-qanda/.

Lovejoy, Bess. "Julia Pastrana: A 'Monster to the Whole World.' " *Public Domain Review,* November 26, 2014. https://publicdomainreview.org/2014/11/26/julia-pastrana-a-monster-to-the-whole-world/.

04 我過世之後，身體會自己坐起來或說話嗎？

Berezow, Alex. "Which Bacteria Decompose Your Dead, Bloated Body?" *Forbes*, November 5, 2013. https://www.forbes.com/sites/alexberezow/2013/11/05/which-bacteria-decompose-your-dead-bloated-body/#637b6f3295a8.

Howe, Teo Aik. "Post- Mortem Spasms." *WebNotes in Emergency Medicine*, December 25, 2008. http://emergencywebnotes.blogspot.com/2008/12/post-mortem-spasms.html.

Costandi, Moheb. "What happens to our bodies after we die?" *BBC Future*, May 8, 2015. http://www.bbc.com/future/story/20150508-what-happens-after-we-die.

Bondeson, Jan. *Buried Alive: The Terrifying History of Our Most Primal Fear*. New York: W. W. Norton, 2001.

Gould, Francesca. *Why Fish Fart: And Other Useless or Gross Information About the World*. New York: Jeremy P. Tarcher/Penguin, 2009.

05 我們把狗狗埋在後院，如果現在把牠挖出來會怎麼樣？

O'Brien, Connor. "Pet exhumations a growing business as more people move house and take their loved animals with them." *Courier- Mail*, May 4, 2014. https://www.couriermail.com.au/business/pet-exhumations-a-growing-business-as-more-people-move-house-and-take-their-loved-animals-with-them/news-story/58069b3ed49b6c49f1a3f9c7c1d11514.

Ask MetaFilter. "How to go about moving a pet's grave." May 3, 2012. https://ask.metafilter.com/214497/How-to-go-about-moving-a-pets-grave.

Berger, Michele. "From Flesh to Bone: The Role of Weather in Body Decomposition." Weather Channel, October 31, 2013. https://weather.com/science/news/flesh-bone-what-role-weather-plays-body-decomposition-20131031.

Emery, Kate Meyers. "Taphonomy: What Happens to Bones After Burial?" *Bones Don't Lie* (blog), April 5, 2013. https://bonesdontlie.wordpress.com/2013/04/05/taphonomy-what-happens-to-bones-after-death/.

06 我能不能將自己的屍體封在琥珀內，像史前昆蟲那樣？

Udurawane, Vasika. "Trapped in time: The top 10 amber fossils." *Earth Archives*, "almost three years ago" (from February 13, 2019). http://www.eartharchives.org/articles/trapped-in-time-the-top-10-amber-fossils/.

Daley, Jason. "This 100- Million- Year- Old Insect Trapped in Amber Defines New Order." *Smithsonian*, January 31, 2017. https://www.smithsonianmag.com/smart-news/new-order-insect-found-trapped-ancient-amber-180961968/.

07 為什麼我們死後會變色？

Geberth, Vernon J. "Estimating Time of Death." Law and Order 55, no. 3 (March 2007).
Presnell, S. Erin. "Postmortem Changes." Medscape, updated October 13, 2015. https://emedicine.medscape.com/article/1680032-overview.

Australian Museum. "Stages of Decomposition." November 12, 2018. https://australianmuseum.net.au/stages-of-decomposition.

Claridge, Jack. "The Rate of Decay in a Corpse." *Explore Forensics*, updated January 18, 2017. http://www.exploreforensics.co.uk/the-rate-of-decay-in-a-corpse.html.

08 為什麼大人火化之後可以放進小盒子？

Cremation Solutions. "All About Cremation Ashes." https://www.cremationsolutions .com/information/scattering -ashes/all -about -cremation -ashes .

Warren, M. W., and W. R. Maples. "The anthropometry of contemporary commercial cremation." *Journal of Forensic Science* 42, no. 3 (1997): 417– 23. https://www.ncbi .nlm .nih .gov/pubmed/9144931 .

10 連體雙胞胎一定會同時過世嗎？

Geroulanos, S., F. Jaggi, J. Wydler, M. Lachat, and M. Cakmakci. [Thoracopagus symmetricus. On the separation of Siamese twins in the 10th century A. D. by Byzantine physicians]. Article in German. Gesnerus 50, pt. 3–4 (1993): 179–200. https://www.ncbi.nlm.nih.gov/pubmed/8307391.

Bondeson, Jan. "The Biddenden Maids: a curious chapter in the history of conjoined twins." *Journal of the Royal Society of Medicine* 85, no. 4 (April 1992): 217–21. https://www.ncbi.nlm.nih.gov/pubmed/1433064.

Associated Press. "Twin Who Survived Separation Surgery Dies." *New York Times*, June 10, 1994. https://www.nytimes.com/1994/06/10/us/twin-who-survived-separation-surgery-dies.html.

Davis, Joshua. "Till Death Do Us Part." *Wired*, October 1, 2003. https://www.wired.com/2003/10/twins/.

Quigley, Christine. *Conjoined Twins: An Historical, Biological and Ethical Issues Encyclopedia*. Jefferson, NC: McFarland, 2012.

Smith, Rory, and Anna Cardovillis. "Tanzanian conjoined twins die at age 21." CNN, June 4, 2018. https://www.cnn.com/2018/06/04/health/tanzanian-conjoined-twins-death-intl/index.html.

11 如果我過世時正在扮鬼臉，死後是否就是那副德性？

D'Souza, Deepak H., S. Harish, M. Rajesh, and J. Kiran. "Rigor mortis in an unusual position: Forensic considerations." *International Journal of Applied and Basic Medical Research* 1, no. 2 (July– December 2011): 120–22. https://www.ncbi.nlm.nih.gov/pmc/articles/PMC3657962/.

Rao, Dinesh. "Muscular Changes." *Forensic Pathology*. http://www.forensicpathologyonline.com/e-book/post-mortem-changes/muscular-changes.

Senthilkumaran, Subramanian, Ritesh G. Menezes, Savita Lasrado, and Ponniah Thirumalaikolundusubramanian. "Instantaneous rigor or something else?" *American Journal of Emergency Medicine* 31, no. 2 (February 2013): 407. https://www.ajemjournal.com/article/S0735-6757(12)00411-1/abstract.

Fierro, Marcella F. "Cadaveric spasm." *Forensic Science, Medicine, and Pathology* 9, no. 2 (April 10, 2013). https://www.deepdyve.com/lp/springer-journals/cadaveric-spasm-aFQAG

R1PmQ?articleList=%2Fsearch%3Fquery%3Dcadaveric%2Bspasm.

12 我們能幫奶奶辦維京式的葬禮嗎？

Dobat, Andres Siegfried. "Viking stranger- kings: the foreign as a source of power in Viking Age Scandinavia, or, why there was a peacock in the Gokstad ship burial?" *Early Medieval Europe* 23, no. 2 (May 1, 2015). https://doi.org/10.1111/emed.12096.

Devlin, Joanne. Review of *The Archaeology of Cremation: Burned Human Remains in Funerary Studies*, edited by Tim Thompson. American Journal of Physical Anthropology 162, no. 3 (March 1, 2017). https://www.deepdyve.com/lp/wiley/the-archaeology-of-cremation-burned-human-remains-in-funerary-studies0JPA0fEoP9?articleList=%2Fsearch%3Fquery%3Dcremation%2Bscandinavia.

ThorNews. "A Viking Burial Described by Arab Writer Ahmad ibn Fadlan." May 12, 2012. https://thornews.com/2012/05/12/a-viking-burial-described-by-arab-writer-ahmad-ibn-fadlan/.

Spatacean, Cristina. *Women in the Viking Age*: Death, Life After and Burial Customs. Oslo: University of Oslo, 2006.

Montgomery, James E. "Ibn Fadlan and the Rusiyyah." *Journal of Arabic and Islamic Studies* 3 (2000). https://www.lancaster.ac.uk/jais/volume/volume3.htm.

13 為什麼動物不會挖開所有墳墓？

Hoffner, Ann. "Why does grave depth matter for green burial?" Green Burial Naturally, March 2, 2017. https://www.greenburialnaturally.org/blog/2017/2/27/why-does-grave-depth-matter-for-green-burial.

Harding, Luke. "Russian bears treat graveyards as 'giant refrigerators.' " *Guardian*, October 26, 2010. https://www.theguardian.com/world/2010/oct/26/russia-bears-eat-corpses-graveyards.

A Grave Interest (blog). April 6, 2012. http://agraveinterest.blogspot.com/2012/04/leaving-stones-on-graves.html.

Mascarenas, Isabel. "Ellenton funeral home accused of digging shallow graves." *10 News*, WSTP, updated November 1, 2017. http://www.wtsp.com/article/news/local/manateecounty/ellenton-funeral-home-accused-of-digging-shallow-graves/67-487335913.

Paluska, Michael. "Cemetery mystery: Animals trying to dig up fresh bodies?" *ABC Action News*, WFTS Tampa Bay, updated October 30, 2017. https://www.abcactionnews.com/news/region-sarasota-manatee/cemetery-mystery-animals-trying-to-dig-up-fresh-bodies.

"Badgers dig up graves and leave human remains around cemetery, but protected animals cannot be removed." *Telegraph*, September 13, 2016. https://www.telegraph.co.uk/news/2016/09/13/badgers-dig-up-graves-and-leave-human-remains-around-cemetery-bu/.

Martin, Montgomery. *The History, Antiquities, Topography, and Statistics of Eastern India*, vol 2. London: William H. Allen, 1838.

14 如果過世前剛吃下一大袋爆米花，死後遭到火化呢？

Gale, Christopher P., and Graham P. Mulley. "Pacemaker explosions in crematoria: problems and possible solutions." *Journal of the Royal Society of Medicine* 95, no. 7 (July 2002). https://www.ncbi.nlm.nih.gov/pmc/articles/PMC1279940/.

Kinsey, Melissa Jayne. "Going Out With a Bang." *Slate*, October 26, 2017. http://www.slate.com/articles/technology/future_tense/2017/10/implanted_medical_devices_are_saving_lives_they_re_also_causing_exploding.html.

15 如果有人要賣房子，他們必須告訴買家，房子裡死過人嗎？

Adams, Tyler. "Is it required to disclose a murder on a property in Texas?" *Architect Tonic* (blog), December 22, 2010. https://tdatx.wordpress.com/2010/12/22/is-it-required-to-disclose-a-murder-on-a-property-in-texas/.

Griswold, Robert. "Death in a rental unit must be disclosed." *SFGate*, June 24, 2007. https://www.sfgate.com/realestate/article/Death-in-a-rental-unit-must-be-disclosed-2584502.php.

DiedInHouse website. https://www.diedinhouse.com/.

Bray, Ilona. "Selling My House: Do I Have to Disclose a Previous Death Here?" *Nolo*, n.d. https://www.nolo.com/legal-encyclopedia/selling-my-house-do-i-have-disclose-previous-death-here.html.

Spengler, Teo. "Do Apartments Have to Disclose if There's Been a Death?" *SFGate*, updated December 11, 2018. https://homeguides.sfgate.com/apartments-disclose-theres-death-44805.html.

Albrecht, Emily. "Dead Men Help No Sales." American Bar Association, n.d. https://www.americanbar.org/groups/young_lawyers/publications/tyl/topics/real-estate/dead-men-help-no-sales/.

"Do I have to Disclose a Death in the House?" Marcus Brown Properties, February 23, 2015. http://www.portlandonthemarket.com/blog/do-i-have-disclose-death-house/.

Order of the Good Death. "How Close Is Too Close? When Death Affects Real Estate." http://www.orderofthegooddeath.com/close-close-death-affects-real-estate.

White, Stephen Michael. "Should Landlords Tell Tenants About a Previous Death in the Property?" Rentprep, November 5, 2013. https://www.rentprep.com/leasing-questions/landlords-disclose-previous-death/.

Thompson, Jayne. "Does a Violent Death in a House Have to Be Disclosed?" *SFGate*, updated November 5, 2018. https://homeguides.sfgate.com/violent-death-house-disclosed-92401.html.

16 如果我只是昏迷，而人們沒搞清楚就把我埋到地底呢？

"Have People Been Buried Alive?" *Snopes*. https://www.snopes.com/fact-check/just-dying-to-get-out/.

Valentine, Carla. "Why waking up in a morgue isn't quite as unusual as you'd think." *Guardian*, November 14, 2014. https://www.theguardian.com/commentisfree/2014/nov/14/waking-morgue-death-janina-kolkiewicz.

Olson, Leslie C. "How Brain Death Works." *How Stuff Works*. https://science.

howstuffworks.com/life/Inside-the-mind/human-brain/brain-death3.htm.

Senelick, Richard. "Nobody Declared Brain Dead Ever Wakes Up Feeling Pretty Good." *Atlantic*, February 27, 2012. https://www.theatlantic.com/health/archive/2012/02/nobody-declared-brain-dead-ever-wakes-up-feeling-pretty-good/253315/.

Brain Foundation. "Vegetative State (Unresponsive Wakefulness Syndrome)." http://brainfoundation.org.au/disorders/vegetative-state.

"Buried Alive: 5 Historical Accounts." *Innovative History*. http://innovativehistory.com/ih-blog/buried-alive.

Schoppert, Stephanie. "Back From the Dead: 8 Unbelievable Resurrections From History." *History Collection*. https://historycollection.co/back-dead-8-unbelievable-resurrections-throughout -history/.

"Beds, Herts & Bucks: Myths and Legends." BBC, November 10, 2014. http://www.bbc.co.uk/threecounties/content/articles/2008/09/29/old_mans_day_feature.shtml.

Adams, Susan. "A Fate Worse Than Death." *Forbes*, March 5, 2001. https://www.forbes.com/forbes/2001/0305/193.html#eb157542f39f.

Black Doctor. "Brain Dead vs. Coma vs. Vegetative State: What's the Difference?" https://blackdoctor.org/454040/brain-dead-vs-coma-vs-vegetative-state-whats-the-difference/.

Kiel, Carly. "12 Amazing Real- Life Resurrection Stories." *Weird History*. https://www.ranker.com/list/top-12-real-life-resurrection -stories/carly-kiel.

Marshall, Kelli. "4 People Who Were Buried Alive (And How They Got Out)." *Mental Floss*, February 15, 2014. http://mentalfloss.com/article/54818/4-people-who-were-buried-alive-and-how-they-got-out.

Lumen. "Lower- Level Structures of the Brain." https://courses.lumenlearning.com/teachereducationx92x1/chapter/lower-level-structures-of-the-brain/.

Morton, Ella. "Scratch Marks on Her Coffin: Tales of Premature Burial." *Slate*, October 7, 2014. https://slate.com/human-interest/2014/10/buried-alive-victorian-vivisepulture-safety-coffins-and-rufina-cambaceres.html.

Haynes, Sterling. "Special Feature: Tobacco Smoke Enemas." *BC Medical Journal* 54, no. 10 (December 2012): 496–97. https://www.bcmj.org/special-feature/special-feature-tobacco-smoke-enemas.

Icard, Severin. "The Written Test of the Dead and the Bump Map of Crime." *JF Ptak Science Books* (blog), post 2062. https://longstreet.typepad.com/thesciencebookstore/2013/07/jf-ptak-science-books-post-2062-the-determination-of-the-occurrence-of-death-was-a-major-medical-feature-of-the-19th-centur.html.

Association of Organ Procurement Organizations. "Declaration of Brain Death." http://www.aopo.org/wikidonor/declaration-of-brain-death/.

17 如果人死在飛機上怎麼辦？

Clark, Andrew. "Airline's new fleet includes a cupboard for corpses." *Guardian*, May 10, 2004. https://www.theguardian.com/business/2004/may/11/theairlineindustry.travelnews.

18 墓園裡的屍體會不會導致飲用水變得很難喝？

Anderson, L. V. "Dead in the Water." *Slate*, February 22, 2013. http://www.slate.com/articles/health_and_science/explainer/2013/02/elisa_lam_corpse_water_what_diseases_can_you_catch_from_water_that_s_touched .html.

Sack, R. B., and A. K. Siddique. "Corpses and the spread of cholera." *Lancet* 352, no. 9140 (November 14, 1998): 1570. https://www.ncbi.nlm.nih.gov/pubmed/9843100.

Oliveira, Bruna, Paula Quintero, Carla Caetano, Helena Nadais, Luis Arroja, Eduardo Ferreira da Silva, and Manuel Senos Matias. "Burial grounds' impact on groundwater and public health: an overview." *Water and Environment Journal* 27, no. 1 (March 1, 2013). https://www.deepdyve.com/lp/wiley/burial-grounds-impact-on-groundwater-and-public-health-an-overview-wquMEqoYLq?articleList=%2Fsearch%3Fquery%3Dcorpse%2Bpreservation%26page%3D7.

Bourel, Benoit, Gilles Tournel, Valery Hedouin, and Didier Gosset. "Entomofauna of buried bodies in northern France." *International Journal of Legal Medicine* 118, no. 4 (April 28, 2004). https://www.deepdyve.com/lp/springer-journals/entomofauna-of-buried-bodies-in-northern-france-23c5gd95d0?articleList=%2Fsearch%3Fquery%3Dcorpse%2Bpreservation%26page%3D10.

Bloudoff-Indelicato, Mollie. "Arsenic and Old Graves: Civil War- Era Cemeteries May Be Leaking Toxins." *Smithsonian*, October 30, 2015. https://www.smithsonianmag.com/science-nature/arsenic-and-old-graves-civil-war-era-cemeteries-may-be-leaking-toxins-180957115/.

19 我看過沒皮膚的死人踢足球展覽，以後我的屍體也辦得到嗎？

Bodyworlds. "Body Donation." https://bodyworlds.com/plastination/bodydonation/.

Burns, L. "Gunther von Hagens' BODY WORLDS: selling beautiful education." *American Journal of Bioethics* 7, no. 4 (April 2007): 12–23. https://www.ncbi.nlm.nih.gov/pubmed/17454986.

Engber, Daniel. "The Plastinarium of Dr. Von Hagens." *Wired*, February 12, 2013. https://www.wired.com/2013/02/ff-the-plastinarium-of-dr-von-hagens/.

Ulaby, Neda. "Origins of Exhibited Cadavers Questioned." *All Things Considered*, NPR, August 11, 2006. https://www.npr.org/templates/story/story.php?storyId=5637687.

BODIES The Exhibition website. BodiesLasVegas.com.

20 如果有人過世時正在吃東西，身體會繼續消化那些食物嗎？

Bisker, C., and T. Komang Ralebitso- Senior. "Chapter 3—The Method Debate: A State-of-the-Art Analysis of PMI Investigation Techniques." *Forensic Ecogenomics* 2018: 61–86. https://doi.org/10.1016/b978-0-12-809360-3.00003-5.

Madea, B. "Methods for determining time of death." *Forensic Science, Medicine, and Pathology* 12, no. 4 (June 4, 2016): 451–485. https://doi.org/10.1007/s12024-016-9776-y.

WebMD. "Your Digestive System." https://www.webmd.com/heartburn-gerd/your-digestive-system#1.

Suzuki, Shigeru. "Experimental studies on the presumption of the time after food intake from stomach contents." *Forensic Science International* 35, nos. 2–3 (October–November 1987): 83–117. https://doi.org/10.1016/0379-0738(87)90045-4.

21 每個人都能裝進棺材裡嗎？要是有人長得特別高呢？

Memorials.com. "Oversized Caskets." https://www.memorials.com/oversized-caskets.php.

Collins, Jeffrey. "Judge closes funeral home that cut off a man's legs." *Post and Courier*, July 14, 2009. https://www.postandcourier.com/news/judge-closes-funeral-home-that-cut-off-a-man-s/article_53334715-8122-510f-9945-dc84e1d3bf6f.html.

Fast Caskets. "What size casket do I need for my loved one?" https://blog.fastcaskets.com/2016/05/31/what-size-casket-do-i-need-for-my-loved-one/.

US Funerals Online. "Can an Obese Person be Cremated?" http://www.us-funerals.com/funeral-articles/can-an-obese-person-be-cremated.html#.W9y5P3pKjOQ.

Cremation Advisor. "What happens during the cremation process? From the Funeral Home receiving the deceased for cremation, to giving the family the cremated remains." DFS Memorials, July 26, 2018. http://dfsmemorials.com/cremation-blog/tag/oversize-cremation/.

US Cremation Equipment. "Products: Human Cremation Equipment." https://www.uscremationequipment.com/products/.

22 死人還能捐血嗎？

Babapulle, C. J., and N. P. K. Jayasundera. "Cellular Changes and Time since Death." *Medicine, Science and the Law* 33, no. 3 (July 1, 1993): 213–22. https://doi.org/10.1177/002580249303300306.

Kevorkian, J., and G. W. Bylsma. "Transfusion of Postmortem Human Blood." *American Journal of Clinical Pathology* 35, no. 5 (May 1, 1961): 413–19. https://doi.org/10.1093/ajcp/35.5.413.

M. Sh. Khubutiya, S. A. Kabanova, P. M. Bogopol'skiy, S. P. Glyantsev, and V. A. Gulyaev. "Transfusion of cadaveric blood: an outstanding achievement of Russian transplantation, and transfusion medicine (to the 85th anniversary since the method establishment)." *Transplantologiya* 4 (2015): 61–73. https://www.jtransplantologiya.ru/jour/article/view/85?locale=en_US.

Moore, Charles L., John C. Pruitt, and Jesse H. Meredith. "Present Status of Cadaver Blood as Transfusion Medium: A Complete Bibliography on Studies of Postmortem Blood." *Archives of Surgery* 85, no. 3 (1962): 364–70. https://jamanetwork.com/journals/jamasurgery/article-abstract/560305.

Roach, Mary. Stiff: *The Curious Lives of Human Cadavers*. New York and London: W. W. Norton, 2003. See pp. 228–32.

Vasquez-Valdes, E., A. Marin-Lopez, C. Velasco, E. Herrera-Martinez, A. Perez-Rojas, R. Ortega-Rocha, M. Aldama-Romano, J. Murray, and D. C. Barradas-Guevara. [Blood Transfusions from Cadavers]. Article in Spanish. *Revista de Investigacion Clinica* 41, no. 1 (January–March 1989): 11-6. https://www.ncbi.nlm.nih.gov/pubmed/2727428.

Nebraska Department of Health and Human Services. "Organ, Eye and Tissue Donation."

http://dhhs.ne.gov/publichealth/Pages/otd_index.aspx.

23 既然能吃死掉的雞，為什麼不能吃死掉的人？

Price, Michael. "Why don't we eat each other for dinner? Too few calories, says new cannibalism study." *Science*, April 6, 2017. http://www.sciencemag.org/news/2017/04/why-don-t-we-eat-each-other-dinner-too-few-calories-says-new-cannibalism-study.

Cole, James. "Assessing the Calorific Significance of Episodes of Human Cannibalism in the Palaeolithic." *Scientific Reports* 7, article no. 44707 (April 6, 2017). https://www.nature.com/articles/srep44707.

Liberski, Pawel P., Beata Sikorska, Shirley Lindenbaum, Lev G. Goldfarb, Catriona McLean, Johannes A. Hainfellner, and Paul Brown. "Kuru: Genes, Cannibals and Neuropathology." *Journal of Neuropathology and Experimental Neurology* 71, no. 2 (February 2012). https://www.ncbi.nlm.nih.gov/pmc/articles/PMC5120877/.

González Romero, Maria Soledad, and Shira Polan. "Cannibalism Used to Be a Popular Medical Remedy—Here's Why Humans Don't Eat Each Other Today." *Business Insider*, June 7, 2018. https://www.businessinsider.com/why-self-cannibalism-is-bad-idea-2018-5.

Wordsworth, Rich. "What's wrong with eating people?" *Wired*, October 28, 2017. https://www.wired.co.uk/article/lab-grown-human-meat-cannibalism.

Borreli, Lizette. "Side Effects Of Eating Human Flesh: Cannibalism Increases Risk of Prion Disease, And Eventually Death." *Medical Daily*, May 19, 2017. https://www.medicaldaily.com/side-effects-eating-human-flesh-cannibalism-increases-risk-prion-disease-and-417622.

Scutti, Susan. "Eating Human Brains Led To A Tribe Developing Brain Disease-Resistant Genes." *Medical Daily*, June 11, 2015. https://www.medicaldaily.com/eating-human-brains-led-tribe-developing-brain-disease-resistant-genes-337672.

Rettner, Rachael. "Eating Brains: Cannibal Tribe Evolved Resistance to Fatal Disease." *Live Science*, June 12, 2015. https://www.livescience.com/51191-cannibalism-prions-brain-disease.html.

Rense, Sarah. "Let's Talk About Eating Human Meat." *Esquire*, April 7, 2017. https://www.esquire.com/lifestyle/health/news/a54374/human-body-parts-calories/.

"Table 1: Average weight and calorific values for parts of the human body." *Scientific Reports*. https://www.nature.com/articles/srep44707/tables/1.

Katz, Brigit. "New Study Fleshes Out the Nutritional Value of Human Meat." *Smithsonian*, April 7, 2017. https://www.smithsonianmag.com/smart-news/ancient-cannibals-did-not-eat-humans-nutrition-study-says-180962823/.

24 如果墓園已經滿了，再也裝不下該怎麼辦？

Biegelsen, Amy. "America's Looming Burial Crisis." *CityLab*, October 31, 2012. https://www.citylab.com/equity/2012/10/americas-looming-burial-crisis/3752/.

Wallis, Lynley, Alice Gorman, and Heather Burke. "Losing the plot: death is permanent, but your grave isn't." *The Conversation*, November 5, 2014. http://theconversation.com/losing-the-plot-death-is-permanent-but-your-grave-isnt-33459.

National Center for Health Statistics. "Deaths and Mortality." Centers for Disease Control and Prevention, updated May 3, 2017. https://www.cdc.gov/nchs/fastats/deaths.htm .

de Sousa, Ana Naomi. "Death in the city: what happens when all our cemeteries are full?" *Guardian*, January 21, 2015. https://www.theguardian.com/cities/2015/jan/21/death-in-the-city-what-happens-cemeteries-full-cost-dying.

Ryan, Kate, and Christine Steinmetz. "Housing the dead: what happens when a city runs out of space?" *The Conversation*, January 4, 2017. https://theconversation.com/housing-the-dead-what-happens-when-a-city-runs-out-of-space-70121.

National Environmental Agency, Singapore. "Post Death Matters." Updated June 20, 2018. https://www.nea.gov.sg/our-services/after-death/post-death-matters/burial-cremation-and-ash-storage.

25 人們臨終前，真的會看見一道白光嗎？

Konopka, Lukas M. "Near death experience: neuroscience perspective." *Croatian Medical Journal* 56, no. 4 (August 2015): 392– 93. https://doi.org/10.3325/cmj.2015.56.392.

Mobbs, Dean, and Caroline Watt. "There is nothing paranormal about near-death experiences: how neuroscience can explain seeing bright lights, meeting the dead, or being convinced you are one of them." *Trends in Cognitive Sciences* 15, no. 10 (October 1, 2011): 447–49. https://doi.org/10.1016/j.tics.2011.07.010.

Lambert, E. H., and E. H. Wood. "Direct determination of man's blood pressure on the human centrifuge during positive acceleration." *Federation Proceedings* 5, no. 1 pt. 2 (1946): 59. https://www.ncbi.nlm.nih.gov/pubmed/21066321.

Owens, J. E., E. W. Cook, and I. Stevenson. "Features of 'near- death experience' in relation to whether or not patients were near death." *Lancet* 336, no. 8724 (November 10, 1990): 1175–77. https://www.ncbi.nlm.nih.gov/pubmed/1978037.

van Lommel, P., R. van Wees, V. Meyers, and I. Elfferich. "Near- death experience in survivors of cardiac arrest: a prospective study in the Netherlands." *Lancet* 358, no. 9298 (December 15, 2001): 2039–45. https://www.ncbi.nlm.nih.gov/pubmed/?term=Elfferich%20I%5BAuthor%5D&cauthor=true&cauthor_uid=11755611.

Tsakiris, Alex. "What makes near- death experiences similar across cultures? L- O- V- E." *Skeptiko*, January 27, 2019. https://skeptiko.com/265-dr-gregory-shushan-cross-cultural-comparison-near-death-experiences/.

26 蟲子為什麼不會吃人骨？

Bloudoff- Indelicato, Mollie. "Flesh- Eating Beetles Explained." *National Geographic*, 17 January 17, 2013. https://blog.nationalgeographic.org/2013/01/17/flesh-eating-beetles-explained/.

Hall, E. Raymond, and Ward C. Russell. "Dermestid Beetles as an Aid in Cleaning Bones." *Journal of Mammalogy* 14, no. 4 (November 13, 1933): 372–74. https://doi.org/10.1093/jmammal/14.4.372.

Henley, Jon. "Lords of the flies: the insect detectives." *Guardian,* September 23, 2010. https://www.theguardian.com/science/2010/sep/23/flies-murder-natural-history-museum.

Monaco, Emily. "In 1590, Starving Parisians Ground Human Bones Into Bread." *Atlas Obscura,* October 29, 2018. https://www.atlasobscura.com/articles/what-people-eat-during-siege.

Vrijenhoek, Robert C., Shannon B. Johnson, and Greg W. Rouse. "A remarkable diversity of bone- eating worms (Osedax; Siboglinidae; Annelida)." *BMC Biology* 7 (November 2009): 74. https://doi.org/10.1186/1741-7007-7-74.

Zanetti, Noelia I., Elena C. Visciarelli, and Nestor D. Centeno. "Trophic roles of scavenger beetles in relation to decomposition stages and seasons." *Revista Brasileira de Entomologia* 59, no. 2 (2015): 132–37. http://dx.doi.org/10.1016/j.rbe.2015.03.009.

27 如果土地結冰，怎麼埋葬屍體呢？

Liquori, Donna. "Where Death Comes in Winter, and Burial in the Spring." *New York Times,* May 1, 2005. https://www.nytimes.com/2005/05/01/nyregion/where-death-comes-in-winter-and-burial-in-the-spring.html.

Rylands, Traci. "The Frozen Chosen: Winter Grave Digging Meets Modern Times." *Adventures in Cemetery Hopping* (blog), February 27, 2015. https:// adventuresincemeteryhopping .com/2015/02/27/frozen-funerals-how-grave-digging-meets-modern-times/.

"Cold Winters Create Special Challenges for Cemeteries." *The Funeral Law Blog,* April 26, 2014. https://funerallaw.typepad.com/blog/2014/04/cold-winters-create-special-challenges-for-cemeteries.html.

Schworm, Peter. "Icy weather making burials difficult." Boston.com (website of *Boston Globe*), February 9, 2011. http://archive.boston.com/news/local/massachusetts/ articles/2011/02/09/icy_weather_making_burials_difficult/.

Lacy, Robyn. "Winter Corpses: What to do with Dead Bodies in colonial Canada." *Spade and the Grave* (blog), February 18, 2018. https://spadeandthegrave.com/2018/02/18/winter-corpses-what-to-do-with-dead-bodies-in-colonial-canada/.

"Funeral Planning: Winter Burials." iMortuary, blog post, November 2, 2013. https://www. imortuary.com/blog/funeral-planning-winter-burials/.

Rutledge, Mike. "Local woman hopes to restore historic vault at Hamilton cemetery." *Journal– News,* August 26, 2017. https://www.journal-news.com/news/local-woman-hopes-restore-historic-vault-hamilton-cemetery/zUekzY68vA9biv8NVfqJVN/.

28 你能描述屍體的氣味嗎？

Costandi, Moheb. "The smell of death." *Mosaic,* May 4, 2015. https://mosaicscience.com/ extra/smell-death/.

Verheggen, Francois, Katelynn A. Perrault, Rudy Caparros Megido, Lena M. Dubois, Frederic Francis, Eric Haubruge, Shari L. Forbes, Jean- Francois Focant, and Pierre- Hugues Stefanuto. "The Odor of Death: An Overview of Current Knowledge on Characterization and Applications." *BioScience* 67, no. 7 (July 1, 2017): 600–13. https://doi.org/10.1093/biosci/ bix046.

Ginnivan, Leah. "The Dirty History of Doctors' Hands." *Method,* n.d. http://www.

methodquarterly.com/2014/11/handwashing/.

Haven, K. F. *100 Greatest Science Inventions of All Time*. Westport, CT: Libraries Unlimited, 2005. See pp. 118–19.

Izquierdo, Cristina, Jose C. Gomez- Tamayo, Jean- Christophe Nebel, Leonardo Pardo, and Angel Gonzalez. "Identifying human diamine sensors for death related putrescine and cadaverine molecules." *PLoS Computational Biology* 14, no. 1 (January 11, 2018): e1005945. https://doi.org/10.1371/journal.pcbi.1005945.

29 遠離家鄉戰死的士兵怎麼辦？如果始終沒找到他們的屍體呢？

Kuz, Martin. "Death Shapes Life for Teams that Prepare Bodies of Fallen Troops for Final Flight Home." *Stars and Stripes*, February 17, 2014. https://www.stripes.com/death-shapes-life-for-teams-that-prepare-bodies-of-fallen-troops-for-final-flight-home-1.267704.

Collier, Martin, and Bill Marriott. *Colonisation and Conflict 1750–1990*. London: Heinemann, 2002. Beatty, William. The Death of Lord Nelson. London: T. Cadell and W. Davies, 1807.

Lindsay, Drew. "Rest in Peace? Bringing Home U.S. War Dead." *MHQ Magazine,* Winter 2013. https://www .historynet .com/rest -in-peace-bringing-home-u-s-war-dead.htm.

Quackenbush, Casey. "Here's How Hard It Is to Bring Home Remains of U.S. Soldiers, According to Experts." *Time*, July 27, 2018. http://time.com/5322001/north-korea-war-remains-dpaa/.

Defense POW/MIA Accounting Agency. "Fact Sheets." http://www.dpaa.mil/Resources/Fact-Sheets/.

Dao, James. "Last Inspection: Precise Ritual of Dressing Nation's War Dead." *New York Times*, May 25, 2013. https://www.nytimes.com/2013/05/26/us/intricate-rituals-for-fallen-americans-troops.html.

30 我可以和我的寵物倉鼠埋葬在同一個墳墓嗎？

King, Barbara J. "When 'Whole- Family' Cemeteries Include Our Pets." NPR, May 18, 2017. https://www.npr.org/sections/13.7/2017/05/18/528736490/when-whole-family-cemeteries-include-our-pets.

Green Pet-Burial Society. "Whole- Family Cemetery Directory–USA." https://greenpetburial.org/providers/whole-family-cemeteries/.

Nir, Sarah Maslin. "New York Burial Plots Will Now Allow Four- Legged Companions." *New York Times*, October 6, 2016. https://www.nytimes.com/2016/10/07/nyregion/new-york-burial-plots-will-now-allow-four-legged-companions.html.

Banks, T. J. "Why Some People Want to Be Buried With Their Pets." *Petful*, August 28, 2017. https://www.petful.com/animal-welfare/can-pet-buried/.

Vatomsky, Sonya. "The Movement to Bury Pets Alongside People." *Atlantic*, October 10, 2017. https://www.theatlantic.com/family/archive/2017/10/whole-family-cemeteries/542493/.

Blain, Glenn. "New Yorkers can be buried with their pets under new law." *New York Daily*

News, September 26, 2016. https://www.nydailynews.com/new-york/new-yorkers-buried-pets-new-law-article-1.2807109.

LegalMatch. "Pet Burial Laws." https://www.legalmatch.com/law-library/article/pet-burial-laws.html.

Isaacs, Florence. "Can You Bury Your Pet With You After You Die?" Legacy.com, "2 years ago" (from February 13, 2019). http://www.legacy.com/news/advice-and-support/article/can-you-bury-your-pet-with-you-after-you-die.

Pruitt, Sarah. "Scientists Reveal Inside Story of Ancient Egyptian Animal Mummies." *History*, May 12, 2015. https://www.history.com/news/scientists-reveal-inside-story-of-ancient-egyptian-animal-mummies.

Faaberg, Judy. "Washington state seeks to force cemeteries to bury pets with their humans." International Cemetery, Cremation and Funeral Association, blog post, January 16, 2009. https://web.archive.org/web/20100215045254/http://iccfa.com/blogs/judyfaaberg/2009/01/15/washington-state-seeks-force-cemeteries-bury-pets-their-humans.

"Benji I." Find A Grave. https://www .findagrave .com/memorial/7376655/benji_i .

Street, Martin, Hannes Napierala, and Luc Janssens. "The late Paleolithic dog from Bonn-Oberkassel in context." In *The Late Glacial Burial from Oberkassel Revisited*, edited by L. Giemsch and R. W. Schmitz. *Rheinische Ausgrabungen* 72: 253–74. https://www.researchgate.net/publication/284720121_Street_M_Napierala_H_Janssens_L_2015_The_late_Palaeolithic_dog_from_Bonn-Oberkassel_in_context_In_The_Late_Glacial_Burial_from_Oberkassel_Revisited_L_Giemsch_R_W_Schmitz_eds_Rheinische_Ausgrabungen_72.

31 我被埋葬在棺材裡後，頭髮還會繼續變長嗎 ？

Palermo, Elizabeth. "30- Foot Fingernails: The Curious Science of World's Longest Nails." *Live Science*, October 1, 2015. https://www.livescience.com/52356-science-of-worlds-longest-fingernails.html.

Hammond, Claudia. "Do your hair and fingernails grow after death?" *BBC Future*, May 28, 2013. http://www.bbc.com/future/story/20130526-do-your-nails-grow-after-death.

Aristotle. "De Generatione Animalium." *The Works of Aristotle*, edited by J. A. Smith and W. D. Ross, vol. 5. Oxford: Clarendon Press, 1912.

"Editorial: The Druce Case." *Edinburgh Medical Journal* 23: 97–100. Edinburgh and London: Young J. Pentland, 1908.

32 我可以用火化後的人骨做首飾嗎 ？

Nora Menkin, Executive Director at People's Memorial Association and the Co- op Funeral Home, was an important source for this section.

Kim, Michelle. "How Cremation Works." *How Stuff Works*. https://science.howstuffworks.com/cremation2.htm.

FuneralWise. "The Cremation Process." https://www.funeralwise.com/plan/cremation/cremation-process/.

Chesler, Caren. "Burning Out: What Really Happens Inside a Crematorium." *Popular*

Mechanics, March 1, 2018. https://www.popularmechanics.com/science/health/a18923323/cremation/.

Absolonova, Karolina, Miluše Dobisikova, Michal Beran, Jarmila Zokova, and Petr Veleminsky. "The temperature of cremation and its effect on the microstructure of the human rib compact bone." *Anthropologischer Anzeiger* 69, no. 4 (November 2012): 439–60. https://www.researchgate.net/publication/235364719_The_temperature_of_cremation_and_its_effect_on_the_microstructure_of_the_human_rib_compact_bone.

The Funeral Source. "Asian Funeral Traditions." http://thefuneralsource.org/trad140205.html.

Treasured Memories. "Japanese Cremation Ceremony: A Celebration of Life." https://tmkeepsake.com/blog/celebration-life-japenese-cremation-ceremony/.

Perez, Ai Faithy. "The Complicated Rituals of Japanese Funerals." *Savvy Tokyo*, October 21, 2015. https://savvytokyo .com/the -complicated-rituals-of-japanese-funerals/.

LeBoutillier, Linda. "Memories of Japan: Cemeteries and Funeral Customs." *Random Thoughts . . . a beginner's blog*, January 8, 2014. http://mettahu.blogspot.com/2014/01/memories-of-japan-cemeteries-and.html.

Imaizumi, Kazuhiko. "Forensic investigation of burnt human remains." *Research and Reports in Forensic Medical Science* 2015, no. 5 (December 2015): 67–74. https://www.dovepress.com/forensic-investigation-of-burnt-human-remains-peer-reviewed-fulltext-article-RRFMS.

North Carolina Legislature. "Article 13F: Cremations." https://www.ncleg.net/EnactedLegislation/Statutes/PDF/ByArticle/Chapter_90/Article_13F.pdf.

33 木乃伊裹上麻布時會臭嗎？

"The Chemistry of Mummification." *Compound Interest*, October 27, 2016. http://www.compoundchem.com/2016/10/27/mummification/.

Krajick, Kevin. "The Mummy Doctor." *New Yorker*, May 16, 2005. Smithsonian Institution. "Ancient Egypt/ Egyptian Mummies." https://www.si.edu/spotlight/ancient-egypt/mummies.

34 幫奶奶守靈時，發現她的上衣底下有保鮮膜，為什麼？

Faull, Christina, and Kerry Blankley. "Table 7.2: Care for a Patient After Death." *Palliative Care*. 2nd edition. Oxford, UK: Oxford University Press, 2015.

Smith, Matt. "Embalming the Severe EDEMA Case: Part 1." *Funeral Business Advisor*, January 26, 2016. https://funeralbusinessadvisor.com/embalming-the-severe-edema-case-part-1/funeral-business-advisor.

Payne, Barbara. "Winter 2015 dodge magazine." https://issuu.com/ddawebdesign/docs/winter_2015_dodge_magazine.

死後，貓會吃掉我的眼睛嗎？：

渺小人類面對死亡的巨大提問【顛覆知識版】

作　　者｜凱特琳‧道堤 Caitlin Doughty
譯　　者｜林師祺

責任編輯｜李雅蓁 Maki Lee‧許芳菁 Carolyn Hsu
責任行銷｜鄧雅云 Elsa Deng
封面裝幀｜Bianco Tsai
內頁插畫｜Bianco Tsai
版面構成｜黃靖芳 Jing Huang
校　　對｜葉怡慧 Carol Yeh

發 行 人｜林隆奮 Frank Lin
社　　長｜蘇國林 Green Su

總 編 輯｜葉怡慧 Carol Yeh
主　　編｜鄭世佳 Josephine Cheng
行銷主任｜朱韻淑 Vina Ju
業務處長｜吳宗庭 Tim Wu
業務主任｜蘇倍生 Benson Su
業務專員｜鍾依娟 Irina Chung
業務秘書｜陳曉琪 Angel Chen
　　　　　莊皓雯 Gia Chuang

發行公司｜悅知文化　精誠資訊股份有限公司
地　　址｜105台北市松山區復興北路99號12樓
專　　線｜(02) 2719-8811
傳　　真｜(02) 2719-7980
網　　址｜http://www.delightpress.com.tw
客服信箱｜cs@delightpress.com.tw
ISBN：978-626-7406-19-9
首版一刷｜2021年10月
二版一刷｜2023年12月
建議售價｜新台幣350元

本書若有缺頁、破損或裝訂錯誤，請寄回更換
Printed in Taiwan

國家圖書館出版品預行編目資料

死後,貓會吃掉我的眼睛嗎?:渺小人類面對死
亡的巨大提問【顛覆知識版】/ 凱特琳.道堤
(Caitlin Doughty)著；林師祺譯.-- 二版.-- 臺北市：
悅知文化精誠資訊股份有限公司, 2023.12
224面；12.8×19 公分
譯自：Will my cat eat my eyeballs? : big questions
from tiny mortals about death
ISBN 978-626-7406-19-9(平裝)
1.CST: 死亡 2.CST: 通俗作品

397.18　　　　　　　　　　　112021292

線上讀者問卷 TAKE OUR ONLINE READER SURVEY

我們每個人都會死，
沒有人逃得過一劫。
所以最好的方法
就是正視死亡。

———————《死後，貓會吃掉我的眼睛嗎？》

請拿出手機掃描以下QRcode或輸入
以下網址，即可連結讀者問卷。
關於這本書的任何閱讀心得或建議，
歡迎與我們分享 :)

https://bit.ly/3gDIBez